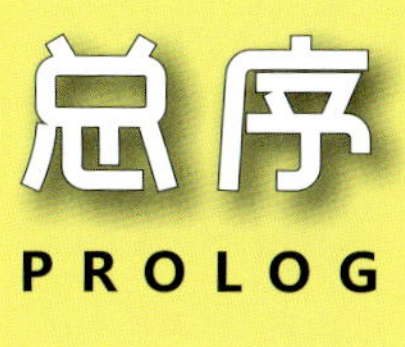

总序 PROLOG

现代设计以科学、技术、文化、艺术、市场诸元素构建了独有的特质。它被科学催生、发展、升级、丰富。人们用技术使设计物化、精致并具备功能；以文化使设计具有灵魂、品质与趣味；将艺术赋予设计容貌、精神和情绪；借市场为设计提供着陆的终端及价值。

现代设计对个性化无止境的追求及探索，也启迪了科学发现的路径，加快了技术升级的频率。特别是对品位与形式创新的执着追求，使时尚文化艺术风生潮起、澎湃不息。现代设计在顺应市场需求、迎合受众群体的品牌推广过程中，也在推销设计者的创意作品及理念，从而形成市场的营销理念，引领消费。

现代设计是借助科学技术手段，向服务对象推销创意规划设计的系统行为。要使创意设计形成产业化，就需要一批素质优秀的创意团队。根据目前产业发展对这方面高规格综合能力的人才需求，对高校教育对应专业的教学模式、教学内容、教学方法提出了新的挑战。为此依据教育部艺术设计专业相关课改精神，组织相关的教育学者及行业专家编写艺术设计教材系列丛书，为更好地培养现代设计创意人才提供必要的条件。

此套教材强调理论与实践相结合、教育与产业相结合、教法与经典案例剖析相结合，采用启发式的教学模式，使初学者了解并掌握设计创意全过程中的关键要素，也对专业设计人员具有一定的启迪作用。学习者通过了解艺术设计相关课程的概念、历史、发展脉络、构成要素、创意策略、表现手法、专业特点、设计流程、创意呈现效果，并借鉴典型案例的创作经验，反复地尝试体验，逐渐形成自己具有个性化的设计。设计的实现需要新材料、新技术、新工艺、新设备等去完成，这样就要求学习者在反复实践中了解材料功能及选择、制作工艺设定、图形及型体制作规范、设计流程品质体系等，获得成品最终效果。由此可见，重视实践环节教学是艺术设计专业高等教育培养高技能人才的关键。

本套教育部重点专业建设项目配套系列教材，注重艺术设计专业教育规律，展现与产业结合培养应用型人才的理念，突出知识体系中理论与技能紧密融合的特色，形成创意思维可教、原创设计可行的路径。其中部分教材，框架搭建合理，内容选择富有时代感，知识介绍清晰，案例分析到位，文图配合相互增色，实践环节设计富有创意，在同类教材中独具特色。

期待本套教材在艺术设计领域应用型人才培养过程中发挥出独特的作用。

刘维亚　马新宇

2014年3月

高等院校艺术设计类“十三五”规划教材

总主编 刘维亚 马新宇 周 勇 罗 兵

移动应用界面设计

主 编 常方圆 于胜男
副主编 张会锋

USER INTERFACE DESIGN

MOBILE APPLICATION

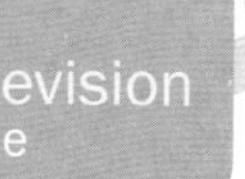

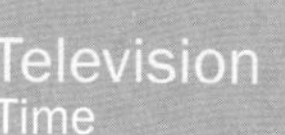

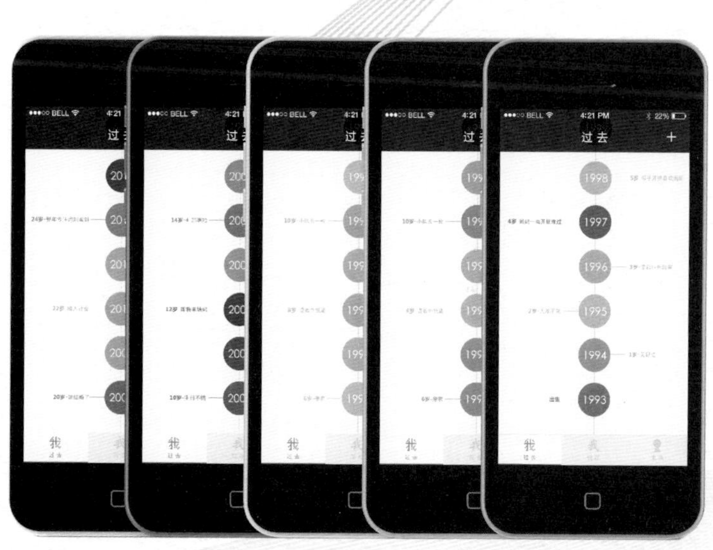

中国海洋大学出版社
·青岛·

图书在版编目（CIP）数据

移动应用界面设计 / 常方圆，于胜男主编．— 青岛：中国海洋大学出版社，2014.12（2021.01重印）

ISBN 978-7-5670-0787-1

Ⅰ．①移… Ⅱ．①常… ②于… Ⅲ．①移动终端－人机界面－程序设计－教材 Ⅳ．①TN929.53

中国版本图书馆CIP数据核字(2014)第271110号

出版发行　中国海洋大学出版社
社　　址　青岛市香港东路23号　　　邮政编码　266071
出 版 人　杨立敏
网　　址　http://pub.ouc.edu.cn
电子信箱　tushubianjibu@126.com
订购电话　021-51085016
责任编辑　王积庆　　　电　　话　0532—85902349
印　　制　上海万卷印刷股份有限公司
版　　次　2014年12月第1版
印　　次　2021年1月第2次印刷
成品尺寸　210 mm×270 mm
印　　张　6
字　　数　158千
定　　价　45.00元

前言

PREFACE

1973年4月的一天，第一部移动电话诞生，马丁·库帕（Martin Cooper）这位摩托罗拉公司的工程技术研究员在纽约街头给在贝尔实验室的一位也在研究移动通讯技术的竞争对手拨通了电话。那个时候，被俗称为“手机”的电话被命名为便携式蜂窝电话（Cell phone）。2000年，摩托罗拉开发了型号为A6188的掌上电脑（Personal digital assistant）手机，开启了智能手机的序幕。2007年，苹果（Apple）公司宣布即将发售的第一代iPhone手机将这场智能手机大战推向了高潮。

无法与人类分离的移动设备通过应用程序（Application，App）为用户提供了各色的服务、资讯、娱乐，带来了全新的生活经验，也迅速地改变着人类的生活。智能手机移动应用构建及其图形用户界面设计、用户体验研究等，迅速成为IT领域最炙手可热的研究，相关的工作岗位也产生了井喷式的增长。

为了适应人才市场上对该领域设计人员的需求，许多高校都纷纷开设相关课程，本书就是一本针对APP图形用户界面设计课程撰写的教材。

本教材从概念和逻辑入手，按照移动应用界面设计步骤分章节叙述了相关的知识和设计要点，在这个过程结合实际存在的案例和项目，实用性强。

本教材的特色在于对于智能手机应用开发过程的全程掌控，并非仅仅教授图形用户界面设计的环节，而是以产品经理的视角切入，从移动应用图形用户界面的概念、用户研究及其方法、移动应用交互原理及其要素、移动应用界面设计模式与实战、可用性测试等环节全面地教授智能手机应用的开发流程与模式。

编者丰富的教学经历和工作坊的经验为这本教材的编写提供了足够的素材。这里感谢9 Lab研究机构（www.9lab.org）的大力支持。

由于编者水平有限，书中难免有不足之处，恳请广大读者批评、指正。

编者

2014年9月

教学导引

一、教材适用范围

本教材是多媒体设计专业重要的专业设计课程之一，是学生掌握移动应用图形界面设计方法与设计技巧的有效途径。课程以智能手机移动应用的设计流程为主导，以设计过程广泛涉及的多种学科如心理学、交互理论等基础理论为依据，通过实际操作过程的强化训练与相关理论系统的梳理，激发学生的主动性和创造性形成。本教材适用于高等院校多媒体设计、交互设计专业师生，是相关课程的教学参考用书，也是社会相关设计师培训的针对性教材。

二、教材学习目标

1.了解移动应用图形用户界面设计流程、设计特点、设计内容及设计程序。

2.掌握移动应用图形用户界面不同类型的设计风格特征。

3.熟悉相关背景知识与相关理论出处，使学生的设计有据可查、有的放矢，并在今后的学习与工作中做到有潜力发展。

4.培养学生系统、全面、创新的设计能力，使学生明确最终的设计目的，即设计以满足交互系统与用户体验为出发点。

三、教材过程参考

1.了解界面与交互的概念。

2.用户研究方法学习及时间。

3.移动应用交互原理及交互要素认知与实例分析。

4.交互原型设计及导航模式学习。

5.分解图形用户界面的视觉要素：色彩、图标、字体、加载、动态、手势等，并分步进行设计。

6.使用眼动仪、原型用户测试、用户体验评估对移动应用图形用户界面设计进行评估，并最终试错与迭代。

四、教材建议实施方法

1.课堂演示。

2.实际操作。

3.小组讨论。

4.实际制作。

5.可用性测试。

6.迭代与试错。

建议课时

总课时：64课时

章 节	内 容	课 时
第一章	移动应用图形用户界面	4
第二章	用户研究及其方法	10
第三章	移动应用交互原理及其要素	10
第四章	移动应用界面设计模式与实战	30
第五章	移动应用图形用户界面设计评估	10

目录

CONTENTS

第一章 移动应用图形用户界面 001

1.1 界面 001

1.2 图形用户界面 002

1.3 交互系统与图形用户界面 004

1.4 原型与界面 005

1.5 移动应用图形用户界面 006

第二章 用户研究及其方法 009

2.1 用户研究 009

2.2 用户研究方法 009

第三章 移动应用交互原理及其要素 017

3.1 人、设备、应用、场景形成的系统 017

3.2 人因子 018

3.3 设备因子 022

3.4 场景因子 024

第四章 移动应用界面设计模式及实战 028

4.1 交互原型设计 028

4.2 导航模式设计 034

4.3 色彩 047

4.4 图标 056

4.5 文字 060

4.6 加载设计 063

4.7 交互手势 067

第五章 移动应用图形用户界面设计评估 069

5.1 基于眼动仪的可用性评估 069

5.2 原型用户测试 073

5.3 用户体验评估 077

5.4 试错与迭代 077

附录一 文中所引用所有在App Store上架的移动应用 078

附录二 该课程学生作业 081

参考文献 087

第一章 移动应用图形用户界面

1.1 界面

界面是用户界面（User Interface）的简称。界面是介于用户与硬件之间，为彼此互动沟通而设计的相关媒介。就此定义，可以将界面看作是人与机器间沟通与交互的桥梁。界面按照其形态分类，分为物理界面、命令行界面、图形用户界面。

与用户界面密切相关的研究领域是人机交互学科。人机交互（Human–Computer Interaction，HCI）是一门交叉学科，主要研究关于设计、实现和评价供人们使用的交互计算系统以及有关这些现象的学科。

交互系统设计与界面关系密切，界面可以看成是交互系统设计的自然结果。界面的目的是使用户能够方便有效率地去操作硬件以达成双向交互，完成所希望借助硬件完成的工作。凡参与人类与机械信息交流的领域都存在着用户界面。包括手持移动设备、汽车、大型机械、交互装置艺术品在内的一系列项目都拥有用户界面，并在需要界面设计的过程中进行人机交互的研究。换句话说，用户界面实质上是人机交互研究与设计的结果。虽然用户看到的最终结果为用户界面，但在项目设计的过程中所经历的研究过程则是人机交互研究。与人机交互有关的项目既有相同的人类基本的交互形式，又需要一些特有的技能和知识。因此，设计师通常会着眼于某一特定类型设计的知识和项目，比如软件设计、用户研究、网页设计、工业设计等。

相对于图形用户界面，命令行界面（Command Line Interface，CLI）是在图形用户界面得到普及之前使用最为广泛的用户界面，它通常不支持鼠标，用户通过键盘输入指令，计算机接收到指令后，予以执行，也有人称之为字符用户界面（Command User Interface，CUI）。从定义上来讲，所有通过语言的方式来达成人与机器交互目的的界面都是字符用户界面（图1–1–1）。

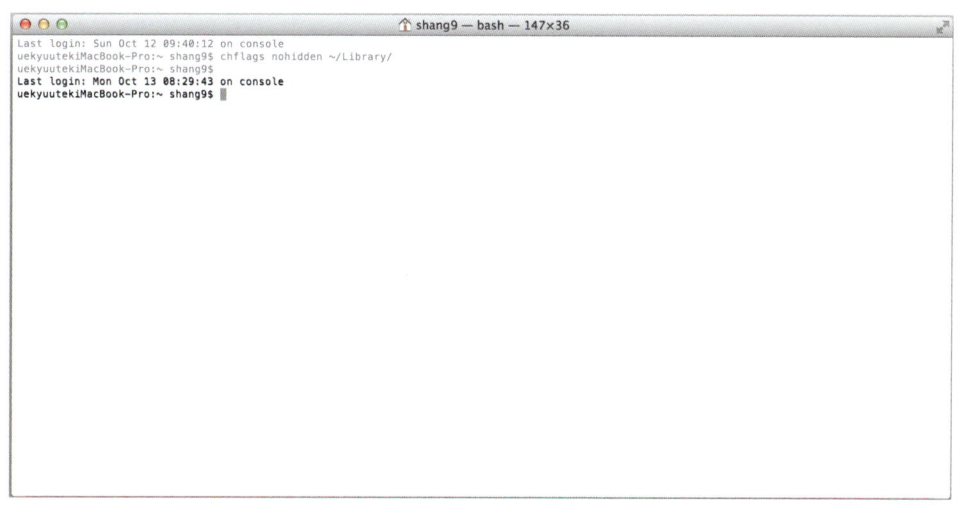

图1–1–1　Mac系统的终端应用程序字符用户界面

在Windows操作系统中最著名的通过字符用户界面达成的交互方式被称为MS-DOS，而在Mac操作系统中，依旧被保留的终端应用程序就是典型的字符用户界面。

如图1-1-2所示，不仅仅是电子屏，我们时常也会忽略一种界面叫作物理性用户界面。比如车的驾驶室中心控制板（简称中控）部分就是物理性用户界面。甚至是一部大型机器的操作把手、按钮及数据显示媒介组成的整体也是用户界面。物理性用户界面与电子屏显示的虚拟性用户界面的概念形成对比。

图1-1-2　福特探险者中心控制区域图　福特官方网站

如图1-1-3所示，数控机床也拥有其特殊的用户界面，即图片右上方的电子显示屏与按钮都属于用户界面的范畴。

图1-1-3　数控机床用户界面

1.2 图形用户界面

图形用户界面（Graphic User Interface，GUI）是指采用图形方式显示的计算机操作用户界面。图形用户界面的定义是相对于早期计算机使用的命令行界面而言，即使用图形的方式作为计算机与用户之间交互的通道与桥梁，而非命令的方式。其最常见的形式就是以图标（Icon）作为触发功能的接触点。

图形界面对于用户来说在视觉上更易于接受。然而这界面若要通过在显示屏的特定位置，以“各种美观而不单调的视觉消息”提示使用者“状态的改变”，相比简单的文字消息呈现，势必得花上更多的计算能力，计算“要改变显示屏哪些光点，变成哪些颜色”。

图形用户界面的广泛应用是当今计算机发展的重大成就之一，它极大地方便了非专业用户的使用，人们从此不再需要死记硬背大量的命令，取而代之的是可通过窗口、菜单、按键等方式来方便地进行操作。而嵌入式GUI具有下面几个方面的基本要求：轻型、占用资源少、高性能、高可靠性、便于移植、可配置等特点。

图形用户界面的开创者，在业界一直被认为是开创了个人计算机新应用局面的苹果公司，其最著名的成就就是开发了麦金塔（Macintosh）个人计算机及其操作系统。

麦金塔个人计算机及其操作系统也被称为苹果机或麦金托什机，是对苹果PC中一系列产品的称谓。首款Mac于1984年1月24日发布，是苹果公司继Lisa后第二款具备图形界面的PC产品。

如图1-2-1所示为麦金塔电脑，型号为128K，其拥有早期的图形用户界面。

1-2-1　麦金塔128K电脑　维基百科

由于苹果公司在之后的十多年将其发展为一个复杂的产品系列，并且该系列的商品名称中也含有Mac字母，所以我们也常把苹果公司发布的运行Mac OS系统的个人电脑产品统称为Mac PC。

虽然最早的数字媒体领域的用户界面应该是个人计算机的用户界面，但在我们现今的生活中处处充斥着图形用户界面，ATM的操作屏幕为用户界面，甚至是游戏机也使用电子屏作为用户操作界面的媒介。可以说，在这个时代，只要有电子屏的地方就有图形用户操作界面。

如图1-2-2所示，为Windows 8的操作系统图形用户界面，这是在Windows提出了Surface的概念之后所诞生的新的图形用户界面。

如图1-2-3所示，为Xbox游戏机的图形用户界面。它与个人计算机的用户界面不同的是其输入设备—游戏手柄的特殊性及附带的局限性，但并不妨碍其拥有出色的图形用户界面设计。

图1-2-2　Windows 8 surface 图形用户界面设计

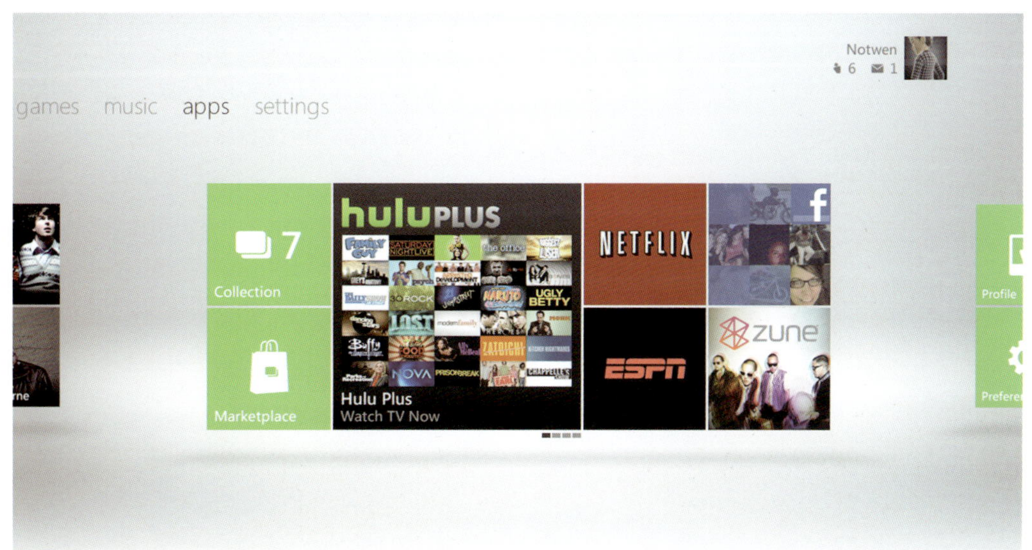

图1-2-3　Xbox游戏机的图形用户界面设计

如图1-2-4所示为Wordpress博客系统发布在不同电子设备上的图形用户界面例图。

图1-2-4 Wordpress 图形用户界面

在技术方面，我们必须要感谢多点触摸的发明，使现在的电子设备呈现出了更多的交互方式，包括我们最熟悉的智能手机。如图1-2-5所示为一个借由大尺寸屏幕实现的交互艺术品的界面。

图1-2-5 多点触摸屏幕

如图1-2-6所示为iPhone 6的操作系统图形用户界面，显示为桌面图形用户界面。与智能手机相关的图形用户界面为本书所聚焦的设计主体，在如今，手机作为无处不在的便携式移动设备并配合海量的移动应用给我们的生活带来了便捷，研究如何设计移动应用图形用户界面是本书的主旨。用户界面设计包括不同的设计阶段和过程，依据项目的不同，这些阶段或过程重要程度也不相同。

图1-2-6 iPhone 6 操作系统图形用户界面

1.3 交互系统与图形用户界面

交互是定义与创建人造系统行为的学科。人造系统包括科技制品、生物制品或者人造环境等，智能手机应用（Application，App）也不例外。早期的交互研究的理论基础几乎都来自于人机交互学（HI，Human-Computer Interaction）。Bill Moggridge在20世纪80年代后期提出了交互设计（Interaction Design）的概念。比如著名的“交互六原则”，即：一致性原则、信息反馈原则、布局整洁原则、色彩与显示原则、图形与比喻原则、帮助与可逆原则。现今的交互系统研究则更多地从用户体验入手。

如图1-3-1所示，交互设计的核心在于，人类感知（Feel）到了某些信息，比如视觉上的动态、色彩变化、布局变化等这一切通过交互系统传达信息（Convey

图1-3-1 交互模式流程

information）的过程。之后人类思考并感知（Know），最后开始行动（Do）。这个循环被称作交互设计循环。

对于一款智能手机应用来说，交互系统设计研究的重点在于与系统行为相关的界面部分，不论是交互系统设计的研究还是用户界面设计的研究，不论是在可用性上还是在美学上，其核心都在于着重提升用户体验。换句话说，经过交互系统研究及设计，所得到的一般性结果都是用户界面。

1.4 原型与界面

原型指的是早期的样品或模型，或是为了概念、测试而建立的概念或过程，以便于研究修改使之更加贴近最终产品的形态。就移动应用来说，原型不仅仅展示产品的设计外观与美学概念，还尝试以最大程度客观地展现最终的交互功能。一个完整的全方位的原型可以满足对设计缺陷的最后检查，并允许设计团队在产品发布前一分钟改进模型。

原型可以是一张纸上绘制的图画，也可以是一张便签纸上所写下的一些内容。原型的形式本身并没有那么重要，原型最重要的功能是发现问题并解决问题。说得更加直白一些，就是做来看看好还是不好。

视觉原型（Visual prototype）展示的是产品的设计外观与美学概念，就移动应用来说就是图形用户界面（GUI，Graphic user interface）。而功能原型（Functional prototype）则尝试以最大程度客观地展现功能。但也并非说两者真的可以完全没有关系。

在产品原型阶段建立的界面设计也许并不会是最后的界面设计结果，但由于互联网时代产品的迭代异常之快，其开发阶段也会被尽快地缩短。“做出来”和“做得好”之间的差异在逐渐缩小。交互原型或者说图形用户界面设计的原型与产品最终发布的差异也越发缩小。

如图1-4-1所示为一个典型的智能手机移动应用的原型，在这个原型中不仅仅表达了其图形用户界面的状态，甚至在此基础上对功能做出了一定的梳理。原型的核心概念在于，它是一个“草案”并被用于检验，以供最终设计产品的进一步提升。

图1-4-1　移动应用图形用户界面设计原型

如图1-4-2所示，为SPPC移动应用即上海出版印刷高等专科学校校园信息平台移动应用的设计原型测试影片截图。该原型是用纯图像的方法表达，并使用测试移动应用 POP来进行动态的测试，对于这个原型来说，其不仅仅拥有视觉外观，在测试过程中还有对其动态的展示。

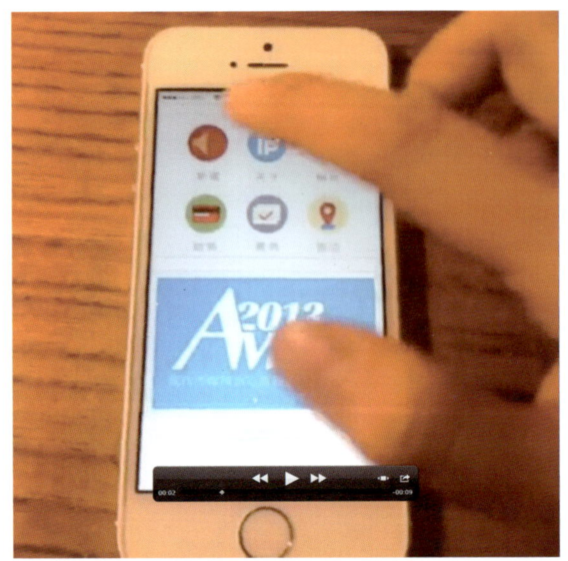

图1-4-2　SPPC 移动应用图形用户界面设计原型测试影片截图

1.5 移动应用图形用户界面

1.5.1 移动应用

移动应用是移动应用程序（Mobile application，Mobile App）的简称，或称为手机应用程序、手机移动应用等，是指设计给智能手机、平板电脑和其他移动设备上运行的应用程序。

移动设备用户可通过无线网络连上流动软件应用程序商店免费或付费下载使用移动软件的应用程序。移动软件应用程序商店除了可通过网页浏览器如一般网络商店般浏览与交易外，通常也制作有专属的移动应用，让用户能一键进入，界面也较网页更方便。最初采用此商业模式的厂商是美国苹果电脑公司针对其移动设备iPhone、iPad经营的“App Store”，之后谷歌也随其移动操作系统Android一同推出自行经营的App商店Google Play。App Store以及谷歌Google Play是目前营收和下载量占前两位的App商店。其他经营者包括操作系统厂商微软公司、独立移动设备厂商黑莓公司与亚马逊公司、Android设备厂商如三星电子、Windows Phone设备厂商如诺基亚、互联网服务供应商等，也有独立经营者。以下枚举主要App商店。

图1-5-1　App Store标识

如图1-5-1所示，为App Store的桌面图标，点击之后会进入App Store，见图1-5-2。

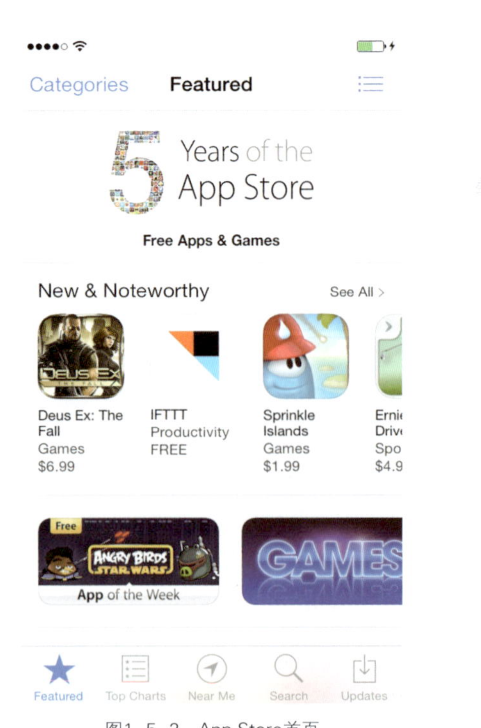

图1-5-2　App Store首页

App Store是苹果公司为其iPhone、iPod Touch以及iPad等产品创建和维护的数字化应用发布平台，允许用户从iTunes Store浏览和下载一些由iOS SDK或者Mac SDK开发的应用程序。根据应用发布的不同情况，用户可以付费或者免费下载。应用程序可以直接下载到iOS设备，也可以通过Mac操作系统或者Windows操作系统下的iTunes下载到电脑中。其中包含游戏、日程管理、词典、图库及许多实用的软件。苹果公司全球软件开发者年会2012发布的iOS 6，改变了商店的用户界面及购物体验，下载免费程序及更新程序不需要密码，购买程序无须回到主屏幕，新下载的程序带有“New”标签。

如图1-5-3所示为Google Play。Google Play（前身为Android Market）是由Google为Android所开发的数字化应用发布平台，该服务允许用户通过内置在设备中的Play 商店或通过网站对应用程序、音乐、杂志、书籍、电影、电视节目进行浏览、下载或购买。

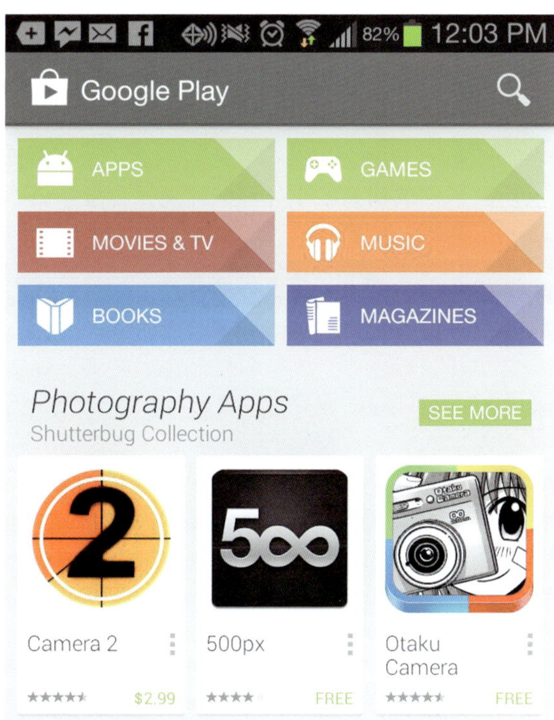

图1-5-3 Google Play图形用户界面

Android Market于2008年8月28日公开发布并于2008年10月22日正式上线，2009年9月起陆续开始提供付费服务，2012年3月6日，Android电子市场、Play音乐、Play图书、Play杂志、Play电影和电视集成并更名为Google Play。截至目前，应用程序中的付费服务共支持129个国家，其他服务仅支持少数几个国家。

一开始移动应用只是作为一种第三方应用的合作形式参与到互联网商业活动中去的，随着互联网越来越开放化，移动应用作为一种萌生于iPhone的盈利模式开始被更多的互联网商业大亨看重，如淘宝开放平台、腾讯的微信开放平台、百度的百度应用平台都是移动应用思想的具体表现，一方面可以积聚各种不同类型的网络受众，另一方面借助移动应用平台获取流量，其中包括大众流量和定向流量。

1.5.2 移动应用图形用户界面

顾名思义，移动应用图形界面就应该是移动应用程序的图形用户界面。它是移动应用设计过程的自然结果。

如图1-5-4所示，为宾馆预定类移动应用Booking.com的图形用户界面。

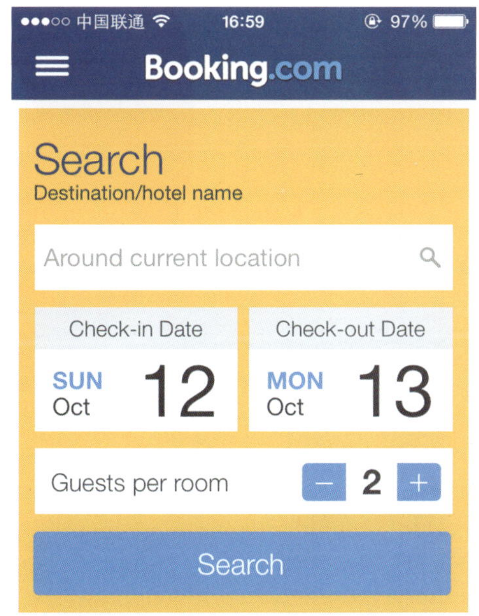

图1-5-4 移动应用Booking.com的图形用户界面

本书遵循了智能手机App交互设计的基本流程设计图形用户界面，其步骤如图1-5-5所示。

① 用户研究：所用方法为焦点小组、用户访谈、KJ法、影随法与协同设计。

② 分析人因子：其中包括人的视力、注意力、能力与情感等因素。

③ 分析设备因子：其中包括屏幕、触摸、按键等因素。

④ 分析场景因子：其中包括场景与姿态、场景与网络。

⑤ 建立交互设计原型：其中包括交互框架设计、纸原型制作等环节。

⑥ 分层建立导航模式：其中介绍了跳板式、列表式、选项卡式、陈列馆式、菜单式、抽屉式、图片轮盘式、仪表式。

⑦ 色彩、图标、文字、手势等细节设计：对色彩、图标、文字、手势等细节的设计进行定义。

⑧ 图形用户界面的评估：最终对设计完毕的图形用户界面进行可用性评估、并借由评估结果对图形用户界面进行修改与迭代，主要方法有基于眼动仪的可用性评估、原型用户测试、用户体验评估。

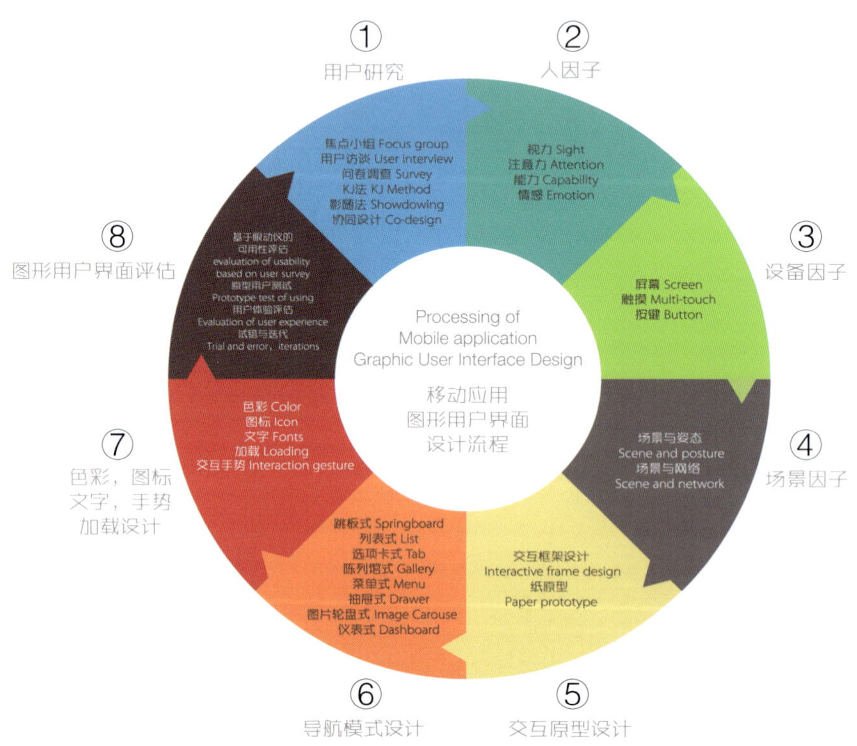

图1-5-5　智能手机App交互设计的基本流程

第二章

用户研究及其方法

2.1 用户研究

在建立一个移动应用图形用户界面之前应该思考的问题并不是如何将这个移动应用做得更加好看。因为图形用户界面虽然只是最终的设计结果，但其所经历的设计过程是非常复杂的。要建立一个移动应用的用户界面，第一步是要确定需要做什么。如该移动应用都需要什么样的功能，用户喜欢怎样的操作方式，用户喜欢怎样的视觉效果等。而这一切都需要用户研究（User research）的帮助。用户研究指在系统设计之前和设计、开发过程中对用户需求所做的调查与分析，是系统设计、系统完善和系统维护的依据。用户研究有时也被称为用户洞察（User insight）。

从学科分类上来说，用户研究属于几个学科的交叉，包括社会学（Sociology）、心理学（Psycology）、可用性工程（Usability engineering）等，它要求实施者具有广泛的知识和学科背景。

用户研究通过观察技巧、任务分析和其他反馈方法，重点是了解用户行为、需求和动机。这一领域的研究旨在通过结合实验和观察性研究方法，以指导设计的产品的易用性开发和产品的改进。用户研究人员可以是相关的设计师、工程师，也可以是编程人员。它渗透在产品创新和观念化的各个阶段。

2.2 用户研究方法

2.2.1 焦点小组

焦点小组（Focus Group），也称焦点团体、焦点群众，是质性研究的一种方法，就某一产品、服务、概念、广告和设计，通过询问和面谈的方式采访一个群体以获取其观点和评价。该焦点小组的成员往往经过实验者选择而定，并保证在实验过程中被试方能够充分分享其意见和主张。

首个焦点小组为哥伦比亚大学应用社会研究局专家罗伯特·默顿（Robert K. Merton）在实验中实现。其理念由心理学家、市场分析师内斯特·迪希特（Ernest Dichter）创建。

如图2-2-1所示，焦点小组通常会有6~10个用户同时参与，每个人都会就某一特定的话题或产品发表他们自己的看法。焦点小组的主持人会向大家介绍话题，并且会鼓励大家围绕某一具体的话题（那一刻的焦点）展开讨论。这个状态比较像是圆桌会议。

图2-2-1 焦点小组法 汤姆·菲什伯恩

用户的意见会影响到产品方向的调整、开发新的市场计划或者会策划一轮新的活动。虽然焦点小组有众多优点，但是在以用户为中心的设计（User-center design）及其过程中用得并不那么频繁。其常被人诟病的一个问题是，参与焦点小组的用户，其观点会受组内其他发言人的影响。此外，与观察法相比，焦点小组依赖的是用户“口述”的行为，而非他们在真实环境中的实际行为。尽管如此，焦点小组式的对话还是非常有用的，因为精心挑选的焦点小组用户可以拓展开发者的视野，看到新的机会。

由于焦点小组所得到的数据是“自我汇报式”的，因此该方法更适用于收集市场方面的问题。例如，可以收集一下人们对这条广告会有什么样的反应以及其背后的原因是什么。

但焦点小组在某些数据的获取上无法摒除用户的主观性，例如用户认为是A原因造成了对产品的不喜欢，但事实上很可能是B原因作为深层次原因影响到了A原因。

2.2.2 用户访谈

图2-2-2所示的访谈启发结构来自腾讯的用户研究人员Jolin所提供的一些概念，此图是从访谈流程入手的一些注意事项。具体到细节，我们可以提出以下一些观点。

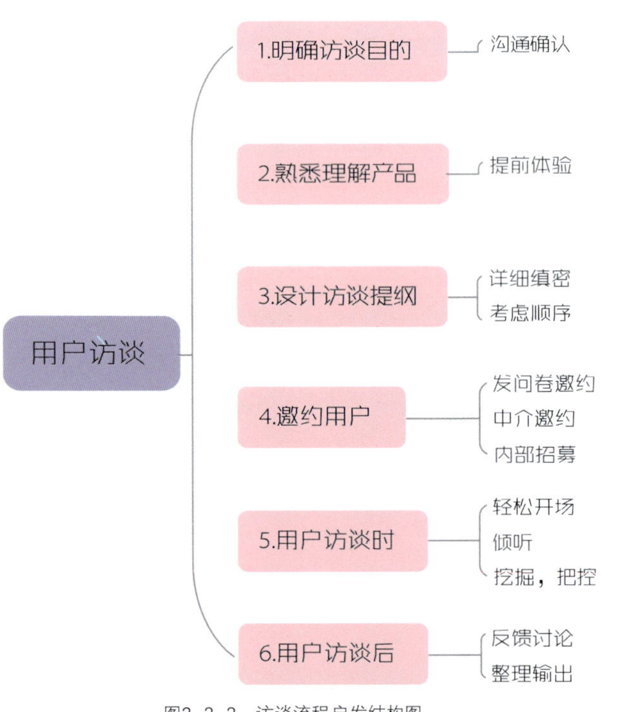

图2-2-2 访谈流程启发结构图

对于用户的分析不仅仅是针对现有移动应用产品的分析，更多的时候诱导用户并试图让用户去想象一个新的产品或是一种生活状态，是更为紧要的。所以访谈的内容应该至少有以下这些。

① 用户想要一个怎样的移动应用？

② 用户想要这个移动应用做些什么？

③ 移动应用如何与用户的工作及日常活动相对照？也就是说，移动应用多用于怎样的场景？

④ 用户使用过哪些同类即功能相似的移动应用？

⑤ 用户在使用上都遇到了什么样的困难？

⑥ 什么样的用户图形界面会让用户更加喜欢？

而对于语言的组织与访谈流程的掌控则完全有赖于访问者的访问能力及其语言组织能力。

关于访问的场景，有部分理论提出应该在移动应用使用的场景中访谈，这样可以更好地勾起用户的回忆和感受。这种说法并不适合所有移动应用的访谈，如果移动应用是为特殊场景，比如一个博物馆的导览移动应用，在博物馆进行访问是非常适合的。但对于日常生活中经常使用，拥有多种使用环境的移动应用建议采用安全、安静的访问环境即可，甚至是通过网络的线上访谈。

【访谈方法思路一：横向对比并循循善诱】

现有的同类移动应用有哪些？这些移动应用有何不足，有何优点？通过用户对现有其他应用产品功能上的满足或不满、喜好或憎恶来获得对开发一个新移动应用的启发。对于用户的访谈建议在合适的环境中进行，比如在用户刚刚使用过用以参考的现有同类移动应用。

访谈实例：

访谈案例一，访谈者：陈佳妮，时间：2014年3月，被访谈者用户A，以下简称A，陈佳妮发问部分简称Q。画线部分加括号为作者点评的访谈亮点。

Q：请问你平时除了常用移动应用（微信、淘宝、XX打车、各类游戏等）还装了哪类移动应用？

A：好像没有了。

Q：那我推荐你装几款时间管理类移动应用，你去用用看，然后告诉我你的看法和建议。

（在用户没有使用过同类移动应用时对用户进行诱导，使其安装再进行访谈，此时获得的是第一手的资料。当然这种面对面的访谈非常受时间和空间的限制。）

用户选择的是iHour，把玩了几分钟后……

A：这个不就是计时器吗，除了计时器还有什么用处？

我有点语塞，给他展示了我的iHour中搜集到的成就图标，于是他感到有点意思了，并说回家会好好研究如何正确使用。

小结：从与他的交谈中发现这款移动应用的缺点在于无法快速吸引用户，只有用户使用过一段时间，习惯这款应用后才会发现这款应用的特别之处，优点在于界面友好，利用成就勋章吸引用户，使用户有意去搜集。

访谈案例二，访谈者：陈佳妮，时间：2014年3月，被访谈者用户B，以下简称B。

Q：请问你平时除了常用移动应用（微信、淘宝、XX打车、各类游戏等）还装了哪类移动应用？

B：好看的移动应用都会想装。

Q：那你用过时间管理类移动应用吗（iHour，TickTick，aTimeLogger2）？

B：这三个我都用过，但现在都没有，依照印象说一下，iHour感觉很麻烦，比如我点了睡觉，结果有事忘记了，软件就会记录我睡了23个小时；TickTick没有什么特色，同类软件太多；aTimeLogger2很清爽，就是记录坚持不下来，这个是个人问题，与应用无关。我现在就想要一款类似于cal的带有农历记录事件的移动应用，目前大部分含农历的都带了一堆乱七八糟的功能。

小结：与用户B沟通后我得知了不少优秀的移动应用，另外，国内带有农历的UI漂亮的移动应用确实很少。

【点评】这是一个非常好的亮点。通过与用户的谈话找到了一个新的功能点。

访谈案例三，访谈者：陈佳妮，时间：2014年3月，被访谈者用户C，以下简称C。

Q：请问你平时除了常用移动应用（微信、淘宝、XX打车、各类游戏等）还装了哪类移动应用？

C：蛮多类型的。

Q：那你用过时间管理类移动应用吗（iHour，TickTick，aTimeLogger2）？

C：用过的，但是我觉得太复杂了，没有办法坚持用下去，就算每天推送通知也会无视。

Q：那你觉得如何改善可以让你用下去呢？

C：如果可以以游戏的形式进行下去可能会坚持使用，或者界面特别吸引人，每天有新的任务、实用信息等，可能会每天点进去看，然后顺便记录一下。

总结：有些用户要求真高，但是没办法坚持用下去的问题也是不少用户的反馈，所以如果找到解决这个问题的办法，可能就会有突破。

【点评】对于用户的持续使用做出了新的要求，这是该段访谈的所得。

访谈者陈佳妮非常具有访谈技巧，并没有对所有的被访问用户使用完全一样的问题，而是根据用户的回答进而提出更深层次的问题，并且在访谈后有所思考。

【访谈方法思路二：谈感受并收集关键词】

相对的，收集关键词也是用户访谈中非常有用的方法。可以较为具有针对性地显现出用户所关心的问题，并且没有任何参照物的情况下，用户显现的是原始感受。当隔着网络交流，用户摒弃了口语化的用词，而用了一些意象化的形容方法。这是社交网络带给我们的便利，但也应考虑网络用户可能隐藏了他们的真实想法，并修饰了自己的态度和观点。

访谈案例四，访谈者：沈静，时间：2014年3月，被访谈者用户D，以下简称D。

Q：说说你对时间、时间管理类移动应用和自己生活的看法？

D："从不在意消磨却恐惧被埋没"，借用一句歌词。如果你和我一样，闲下来的时间都去推25人40人的副本，却不知时间都耗费在了何处，回首时光自责不已……那么是时候该反省一下自己了。

从空虚、消磨到最后被埋没，是量变引发的质变。在这个过程中，我们丢失的不只是时间，观察能力、思考能力也会渐渐被消磨殆尽。

使用时间管理移动应用的第一个收获是，我知道自己专心看完一本书所需要的精准时间了。我只设置了日常和那些我认为有价值的事情，然后专心致志地去做、去记录，力图把时间排满，让未记录时间一天比一天少。若说长久地使用下去，恐怕对自己是一种很不人道的行为。人类总是倾向于过得更舒适，但在防备空虚、抵御消磨的道路上，就是少不了这样的修行啊……

关键词：精准时间，有价值，舒适

【点评】以上总结关键词"有价值""舒适"等都是用户的体验，在强调用户体验设计（User experience design）的现今，试图找出这些用户形容移动应用的词汇是至关重要的，也是该访谈出色之处。

访谈案例五，访谈者：沈静，时间：2014年3月，被访谈者用户E，以下简称E。

Q：说说你对时间、时间管理类移动应用和自己生活及使用时间的看法？

E：你不觉得和姑娘约会时，点击记录很影响心情吗?

你不觉得在外滩漫步，看着上面分分钟的时间记录很影响情景吗?

有些时间我愿意记录，比如阅读、学习，这可以统计我投入的时间，并可以督促自己。

而大多数时候，我就想无头脑地发个呆，和姑娘随心约个会，坐在外滩边看风起云涌……

时间？滚一边去！

关键词：打扰

【点评】这种打扰其实是一种用户对提醒状态的不耐烦。

访谈案例六，访谈者：沈静，时间：2014年3月，被访谈者用户F，以下简称F。

Q：说说你对时间、时间管理类移动应用和自己生活及使用时间的看法？

F：如果你觉得自己不必用这些软件的，你就太看得起自己了。实际上，你浪费的时间比你想象的要多得多。但是你不知道你都浪费在了哪里。有了这类移动应用你就可以轻易搞明白，你到底花时间在什么上面，你也就能够弄明白你的用心何在。能让自己养成一个习惯，那这个软件就是好软件。

关键词：搞明白，习惯

【点评】持续地使用，洞察用户本身的生活习惯是该段访谈的核心。

2.2.3 问卷调查

问卷调查法也称问卷法，它是调查者运用统一设计的问卷向被选取的调查对象了解情况或征询意见的调查方法。问卷调查是以书面提出问题的方式搜集资料的一种研究方法。研究者将所要研究的问题编制成问题表格，以邮寄、当面作答或者追踪访问等方式填答，从而了解被试者对某一现象或问题的看法和意见，所以又称问题表格法。问卷法的运用，关键在于编制问卷、选择被试和结果分析。

问卷调查较之访谈的优势是，它的研究结果是可以定量定性的，但其缺点也非常明显，依靠客观答题所得出的结论是一种被动的数据，限制了用户的主观性，并且在整个过程中很难像访谈法一样诱导用户表达出其真正的需求和取向。

对于问卷调查的语言使用也是值得注意的，在问卷中使用生硬的发问口气会使用户产生反感，拒绝填写问卷，也有可能潦草了事。让一份问卷看起来有趣，符合目标用户群的语言倾向也是十分重要的。

校园移动应用功能问卷调查

亲的学号__________亲的姓名__________亲的年级、专业____________________亲的性别___

亲：

我们现在在设计制作一款校园官方移动应用，可以使用在iPhone和安卓平台手机上。你是这里的主人，我们认为你的意见非常重要，想请你为我们选择这款移动应用应该具有的功能。请在以下选项中选择出你对相应功能的看法吧，看顺眼的涂黑即可：

1. 关于（学校、系部、专业概况）：非常需要○ 需要○ 无所谓○ 不需要○ 根本不需要○
2. 公告（放假、新闻、讲座信息）：非常需要○ 需要○ 无所谓○ 不需要○ 根本不需要○
3. 教务（成绩、补考、选课信息）：非常需要○ 需要○ 无所谓○ 不需要○ 根本不需要○
4. 办事指南（医务、订票、证件）：非常需要○ 需要○ 无所谓○ 不需要○ 根本不需要○
5. 财务（饭卡、学费余额查询）： 非常需要○ 需要○ 无所谓○ 不需要○ 根本不需要○
6. 周边（美食、购物、交通指南）：非常需要○ 需要○ 无所谓○ 不需要○ 根本不需要○
7. 图书馆（借期、图书查询）： 非常需要○ 需要○ 无所谓○ 不需要○ 根本不需要○
8. 新生指南（新生手册报到流程）：非常需要○ 需要○ 无所谓○ 不需要○ 根本不需要○
9. 报考指南（如何报考本校）： 非常需要○ 需要○ 无所谓○ 不需要○ 根本不需要○
10. 意见建议（对该移动应用的意见建议）：非常需要○ 需要○ 无所谓○ 不需要○ 根本不需要○
11. 视频媒体（关于本校的视频）： 非常需要○ 需要○ 无所谓○ 不需要○ 根本不需要○
12. 二手买卖（物品交易与交换）： 非常需要○ 需要○ 无所谓○ 不需要○ 根本不需要○
13. 社群（校内交友与交流、八卦）：非常需要○ 需要○ 无所谓○ 不需要○ 根本不需要○
14. 微信（学校官方、非官方微信群）：非常需要○ 需要○ 无所谓○ 不需要○ 根本不需要○
15. 密度（澡堂、食堂拥挤程度即时报道）：非常需要○ 需要○ 无所谓○ 不需要○ 根本不需要○
16. 其他：如果你认为还有我们遗漏的功能可以写在问卷的下方^_^

谨代表SPPC移动应用制作团队及艺术系11级电脑艺术设计专业全体童鞋对您表示诚挚的感谢！

如上案例所示，为移动应用SPPC开发时的Workshop所拟的用户调查问卷，问卷采用五分法来对用户的态度做测评。由于目标用户和被调查对象的年龄普遍在18~22岁，都为在校学生，所以为了弥合被访者与访问者之间的陌生所造成的鸿沟，在该问卷的设计中，称被访者为：亲。之后的问卷对于答题是这样描述的："请在以下选项中选择出你对相应功能的看法吧，看顺眼的涂黑即可。"极力想将整个问卷调查的基调调整到一个让用户熟悉、舒适的范畴。

该问卷的设计采用了李克特量表（Likert scale），其是属评分加总式量表最常用的一种，属同一构想的这些项目是用加总方式来计分，单独或个别项目是无意义的。它是由美国社会心理学家李克特于1932年在原有的总加量表基础上改进而成的。该量表由一组陈述组成，每一陈述有"非常同意""同意""不一定""不同意""非常不同意"五种回答，分别记为5、4、3、2、1，每个被调查者的态度总分就是他对各道题的回答所得分数的加总，这一总分可说明他的态度强弱或他在这一量表上的不同状态。

李克特量表法是目前调查研究（Survey research）中使用最广泛的量表。当受测者回答此类问卷的项目时，他们具体地指出自己对该项陈述的认同程度。在本案例中作为典型的需求调查，调整为"非常需要""需要""无所谓""不需要""根本不需要"五个选项。

在经过艰苦的校园拦截与调查问卷发放后，最后回收了108份有效问卷，这里的有效意义在于，如果一个用户全部都选择的是满意或几乎都选择了非常满意，或其根本就全部选择了无所谓选项，对于该调查来说，这个完全没有区分度的问卷甚至可能影响到整体数据的准确性，予以剔除。

根据15道客观选择题所收集的数据计算，结果如下。

（续表）

总数108	**女61　男47**
1.39	公告（放假、新闻、讲座信息）
1.28	教务（成绩、补考、选课信息）
1.20	密度（澡堂、食堂拥挤程度即时报道）
1.14	周边（美食、购物、交通指南）
1.06	关于（学校、系部、专业概况）
1.04	财务（饭卡、学费余额查询）
0.89	办事指南（医务、订票、证件）
0.79	社群（校内交友与交流、八卦）
0.77	图书馆（借期、图书查询）
0.75	微信（学校官方、非官方微信群）
0.73	意见建议（对该移动应用的意见建议）
0.56	视频媒体（关于本校的视频）
0.51	报考指南（如何报考本校）
0.43	二手买卖（物品交易与交换）
0.36	新生指南（新生手册报到流程）

由以上分析最后可得，该移动应用制作中所着重的板块应该是得分最高的六个功能。分别为：

1.39	公告（放假、新闻、讲座信息）
1.28	教务（成绩、补考、选课信息）
1.20	密度（澡堂、食堂拥挤程度即时报道）
1.14	周边（美食、购物、交通指南）
1.06	关于（学校、系部、专业概况）
1.04	财务（饭卡、学费余额查询）

分年级数据分析为（省略括号内的注释内容）：

2011级/77人	**女43 男34**	**2012级/22人**	**女10 男12**	**2013级/9人**	**女8 男1**
1.38	公告	1.68	教务	1.88	周边
1.22	教务	1.63	公告	1.66	财务
1.15	密度	1.54	财务	1.66	社群
1.03	关于	1.5	关于	1.55	二手买卖

（续表）

2011级/77人	女43 男34	2012级/22人	女10 男12	2013级/9人	女8 男1
1.01	周边	1.31	周边	1.55	密度
0.87	财务	1.3	图书馆	1.44	视频媒体
0.84	办事指南	1	办事指南	1.33	意见建议
0.71	社群	1	密度	1.22	微信
0.66	图书馆	0.77	意见建议	1	办事指南
0.66	意见建议	0.77	微信	0.88	教务
0.66	微信	0.68	社群	0.77	公告
0.48	报考指南	0.54	视频媒体	0.77	新生指南
0.46	视频媒体	0.45	报考指南	0.55	图书馆
0.35	新生指南	0.45	二手买卖	0.33	报考指南
0.28	二手买卖	0.27	新生指南	0.22	关于

提出主观建议的被调查者有10人，大部分集中在2011级中。根据设置的主观问题，提出校长信箱的4人；寻物启事的2人；实名制的1人；提供作业、答案、计算机与四六级考试信息的2人；对老师评价的1人。由于以上建议并未集群化出现，故不予考虑。

整体的数据有一个非常有趣的现象，2011级~2013级对于功能选项最终数据在1以上的分别有5项、8项、9项。似乎对象年纪越长就对功能更加挑剔，这样的分析并非从横向对比功能入手，而是针对用户进行了横向对比，是该问卷调查中的一个意外发现。

2.2.4 KJ法

KJ法（KJ Method）又称A型图解法、亲和图法（Affinity Diagram），是新的QC七大手法之一。KJ法是将未知的问题、未曾接触过领域的问题的相关事实、意见或设想之类的语言文字资料收集起来，并利用其内在的相互关系做成归类合并图，以便从复杂的现象中整理出思路，抓住实质，找出解决问题的途径的一种方法。

KJ法所用的工具是A型图解。A型图解就是把收集到的某一特定主题的大量事实、意见或构思语言资料，根据它们相互间的关系分类综合的一种方法。把人们的不同意见、想法和经验，不加取舍与选择地统统收集起来，并利用这些资料间的相互关系予以归类整理，有利于打破现状，进行创造性思维，从而采取协同行动，求得问题的解决。

KJ是一种广泛应用的“合并同类项”的方法，是组织用户一起对功能进行分类并进行投票选择的一种重要方式（图2-2-3、图2-2-4）。

图2-2-3 KJ法功能分类，2013 SPPC 移动应用 Workshop

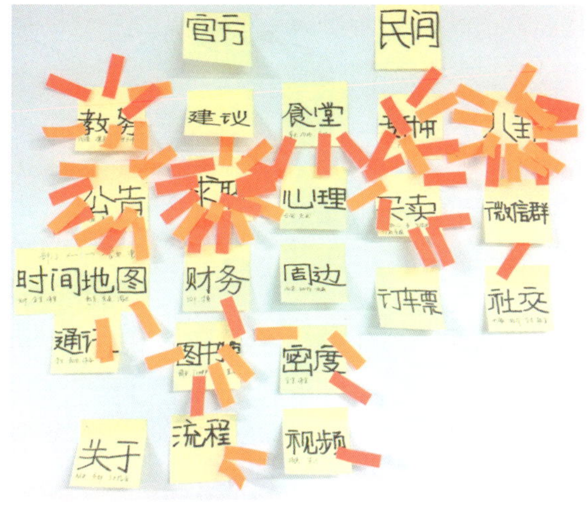

图2-2-4 KJ法不记名投票，2013 SPPC 移动应用 Workshop

通过整理获得关键词，较为偏向学校官方服务的有：办事流程（包括地点），关于（学校、系部、专业概况），公告（放假、新闻、讲座信息），教务（成绩、补考、选课信息），办事指南（医务、订票、证件），财务（饭卡、学费余额查询），图书馆（借期、图书查询），新生指南（新生手册报到流程），报考指南（如何报考本校），意见建议（对该移动应用的意见建议）。

介于偏向学生间交流与学校官方服务之间的有：食堂（菜色、价格），心理咨询（解决心理问题），周边（购物、旅游、交通指南），视频媒体（关于本校的视频），密度（澡堂、食堂拥挤程度即时报道）。

偏向于学生间交流的功能有：二手买卖（物品交易与交换），社群（校内交友与交流、八卦），微信（学校官方、非官方微信群）。

Workshop的参与人员大部分为三年级在读生，均为数字媒体设计专业，所以对于“就业”板块与“八卦”板块有群体性关注，这是由于毕业前的就业压力与课程突然减少造成的碎片时间增多造成的。

这里较为有趣的是两个选项“心理”和“密度”。学生认为线上的心理问题是学校应当拥有的一项服务，这项是现在大多数学校没有的。线上心理咨询可以摆脱面对面的尴尬，且通过化名一样可以保护到学生的自尊和隐私。而密度则提供食堂、澡堂的实时人流监控，免得学生在食堂、澡堂人满为患的时候排队。

该两项功能在最终的原型设计中并未出现，是由于其技术实现的难度。

2.2.5 影随法

影随法（Showdowing）：研究人员会跟踪被试用户一段时间并做好观察记录。与本章中所描述的其他方法不同，这样获得的数据可能更加可信，因为是在真实的用户环境中观察到的。其常常是指“坐收用户行为”的技术，研究人员可能会调查一些问题，但都不是有明确导向的，研究人员只是在用户进行他们的活动时简单地跟着。因为受试者筛选的困难，这种方法在本研究中并未进行实践。

2.2.6 协同设计

如图2-2-5所示，该图表达了协同设计的核心含义，协同设计是一个民主化的，用户参与设计的过程。

图2-2-5　何谓协同设计

协同设计（Co-design，也称作Codesign）是一个产品、服务或设计思维组织的发展过程。在此过程中，设计师授权、鼓励与引导用户或公众开发自己的解决方案。协同设计旨在模糊用户与设计师的角色，甚至是角色互换，更关注设计本体被创造的过程。通过鼓励受过训练的设计师和未受训练的用户在一起设计解决方案，最后的结果将使设计结果更能被用户所接受。

协同设计可被看作一个系统思维的开发过程，其理论来自C・West Churchman。如其所言，协同设计的本意正是“开始用其他人的眼光去观察这个世界”。通过所有该产品的用户或称关键受益者们的交流想象、共同学习与相互理解，不同的期望与愿景得到采纳才是贯穿整个协同设计过程的目的。协同设计的实践已经存在了近40年，它根植于以用户为中心的设计（UCD）和参与式设计（Participatory design）。

第三章

移动应用交互原理及其要素

3.1 人、设备、应用、场景形成的系统

移动应用与智能手机互为软硬件的逻辑连接而存在。它们最大的特色就是“一直在手，一直使用”这样的便捷性。便捷性的另一面的锋刃就是使用场景的不断变换，使用者心情也不断变化。对人与交互系统的研究，最常见是从三个不同角度入手的。

工效学是根据人的心理、生理与身体结构等因素，研究人、机械、环境相互间的合理关系，以保证人安全、健康、舒适地工作，并取得满意工作效果的机械工程分支学科。工效学吸收了自然科学与社会科学的广泛知识内容，是一门涉及面很广的边缘学科。在机械工业中，工效学着重研究如何使设计的机器、工具、成套设备的操作方法与作业环境更适应操作人员的要求。

如图3-1-1所示，对于交互系统设计本身的研究是基于众多学科的交叉理论。

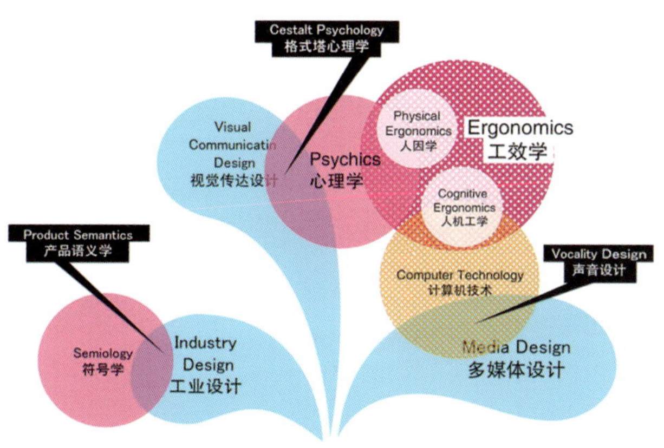

图3-1-1　移动应用图形用户界面研究的多学科交叉

其中侧重于研究人对环境的精神认知，称为Cognitive Ergonomics或Human Factors，在此译作人因学；而侧重于研究环境施加给人的物理影响，称为Biomechanics或Physical Ergonomics，在此译作人机工学。作为一门综合性边缘学科，它的研究与应用范围非常广泛，因此人们不断地试图从各种角度命名与定义它。在今后，其命名的方式抑或是分类的方式也会产生改变。

人因学（Human Factors）主要集中在对人体能力、人体限制及其他与设计相关的人体特性信息的应用，以满足设计、分析、测试与评价、标准化，以及系统控制的要求，它是在工程设计缺陷诊测中发展起来的，主要研究的课题有：控制与显示的设计，研究人体能力与限制在环境中的光照、温度、噪声及震动等因素作用中的关系，研究作业空间布局、减少人体的工作负荷、增强舒适度、提高使用效率等。生物力学与人体测量学在其中起着核心的作用，其主要目的是在交通、工业、电子消费产品的设计与生产中，提高安全性与可用性。

在手机多媒体交互视听系统研究中，主要涉及的人因学研究是手机使用的环境与手机使用的方式，避免在有些环境中手机交互系统的失效，比如嘈杂的环境中怎样避免听觉交互系统的失效等。

人机工学（Physical Ergonomics）研究交互与交互系统，侧重于运用与扩充交互工程的理论与原理，对人机交互系统进行分析、描述、设计与评估等。主要解决有关人类思维与信息处理的有关问题，包括设计理论、标准化、增强软件操作系统的可用性的方法等，使交互系统与人的对话能够满足人的思维模式与数据处理的要求，实现交互系统的高可用性。

在本书中，选择人因子作为切入点。

3.2 人因子

对于人机交互来说，人类是最重要的研究对象。作为核心与使用者的人类却是最不可控的设计因子。人在日常行为中经常会发生行为偏差，或者事与愿违，在操作交互系统的时候也不例外。所以，人因工程学（Human Factors Engineering）也称为人因素学（Human Factors）。以下将根据以往研究结果，按因素讲述人因学的研究范畴。人因素中对移动应用图形用户界面设计产生影响最大的莫过于视力、注意力、能力与情感。

3.2.1 视力

这里所说的视力（Sight），在某种程度上指的是视敏度，又称视锐度，是指眼睛能分辨物体很小间距的能力，通常用被辨别的物体的最小间距所对应的倒数表示。视敏度受到几个因素的影响，在手机视觉交互系统中是图像本身的复杂程度、环境光的强度、图像的色彩与显屏背光等。

光的强度过弱会使图像难以分辨。增加照明可以提高视敏度。但如果光的强度过强，又会引起瞳孔收缩，从而降低视敏度。同时亮度的增加使显屏的闪烁更加明显，使用者直视显屏会很不舒服。因此智能手机移动应用，尤其是阅读类的移动应用应充分考虑视力缺陷因素，如人在晚间的阅读。

如图3-2-1所示，为阅读类移动应用ZAKER，其具备的夜间模式可以在较为黑暗的环境下提供全黑色背景的阅读界面。自左至右分别是夜间阅读模式的设置页面、订阅杂志列表、订阅杂志内容及文章阅读。将夜间设置滑块调整到应用选项，整个移动应用的图形界面就呈现出全黑的色彩。诚然，只有广告与整个图形用户界面看起来格格不入。当然，这是盈利模式所决定的，对此设计师与产品经理都是非常无力的，不在本书讨论范围。

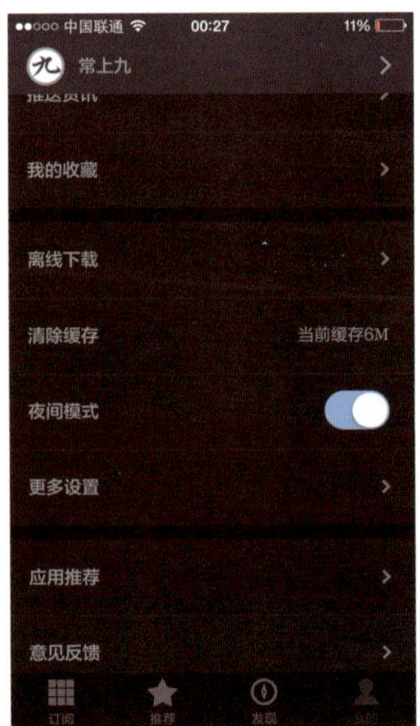

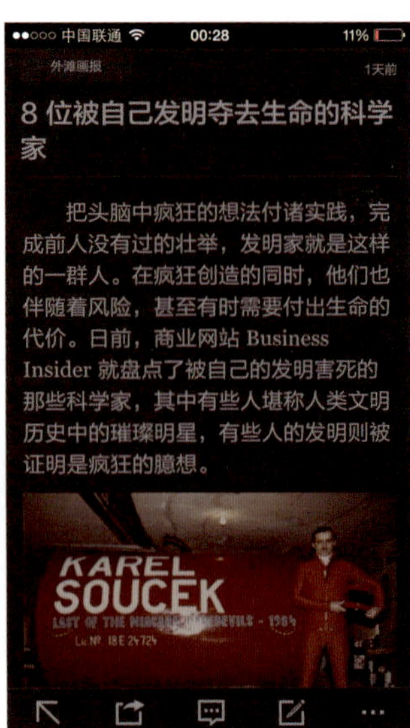

图3-2-1　移动应用ZAKER的图形用户界面

3.2.2 注意力

一般来说，人们把注意力（Attention）看作是人脑信息系统的过滤器与瓶颈。注意力的重要功能在于过滤不重要的信息，选取重要的信息进一步加工，使人能够稳定地集中于所要加工的信息。人的信息通道容量是有限的，系统不能对所有的信息都进行加工，这就是注意力发生的所在点。

人对事物的兴趣也会影响人的注意力。感兴趣时，注意力就容易集中（如有趣的游戏），否则就容易分散。同样，能满足人的需要的事件，即能引起动机的事件，就能引起较长时间的注意。因此，在手机移动应用图形用户界面设计中，必须把注意力引向用户需要的信息与要采取的行动上。一直在动，一直有反馈是移动应用图形用户设计中的生死线。

由于人具有操控手机硬件的能力，具有功能与行动上的自由度，并可以对各种情况进行分析、判断并采取随机应变的措施。所以，判断的错误以及动作的失误都会导致产生错误。手机多媒体交互视听系统未能完成人分配的任务时，一般多媒体交互视听系统具有以下几种缺陷。

① 移动应用的提示信号太弱。比如没有及时的信号传递，用户做出操作之后并没有系统的反馈提示。大部分的问题出在听觉交互系统的提示音的缺乏或不合理，有些情况下是缺乏视觉交互系统的文字提示。

② 用户由于识别错误而错误地执行了某些功能。比如视觉交互系统的图标图形意义指向不明所造成的功能意义的误读。

③ 用户不能正确地执行某些功能。菜单设计的不合理导致用户无法找到操作项所处的菜单层级以及位置，比如菜单层级的不合理设计，抑或是缺少相应的提示。

为了解决以上三个问题，就需要移动应用实时反馈，对于反馈，一般移动应用的图形用户界面最常用的方式是弹出提示。为了吸引用户的注意力，除了提示框与提醒中心之外，震动、动态、声音都是非常好的反馈方式。以下详细叙述提示框设计。

图3-2-2所示为烹饪资讯类移动应用Look&Cook的反馈提示，提示的是用户无法连接到网络的信息，

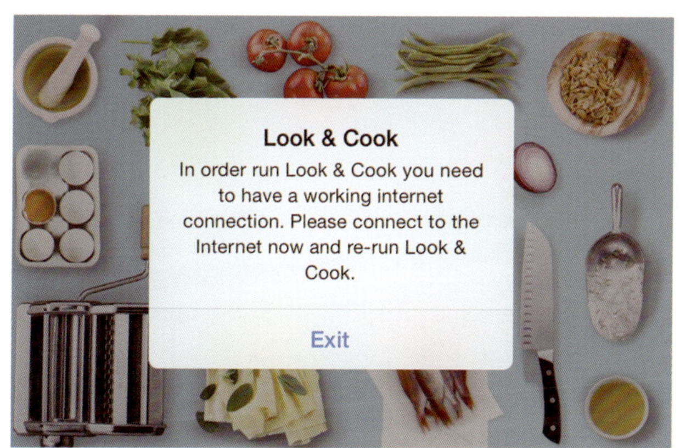

图3-2-2 移动应用Look&Cook的图形用户界面

Look&Cook使用了一种非常简单的处理方法，降低移动应用图形用户界面本身的明度，之后在此基础上跳出对话框，并安排了可以让用户顺利退出的离开（Exit）选项。这样的提示框使用的是操作系统的图形用户界面设计风格，干净且便于信息传达。

图3-2-3所示为图片处理类移动应用PosterLabs的反馈提示，其意在引导用户下载PosterLabs同公司所属产品 Meitu Pic（美图秀秀），同样使用了降低当前用户图形界面的明度并跳出提示框的方式，不同的是除了取消（Cancel）外，还多出了下载（Download）选项。而跳出框并没有使用与系统相一致的图形用户界面设计，而是使用了与整体图形用户界面相统一的黑色。

图3-2-3 移动应用PosterLabs的图形用户界面

图3-2-4所示为在线游戏类移动应用QuizUp的反馈提示，意在引导用户升级移动应用。有趣的是，那个让人沮丧的白色图标设计配上同色的Dagnabbit这个美国人常用的俚语词汇，让整个页面都生动了起来。并且用黑色字体注释了：你的QuizUp需要升级，请点按下方按钮。

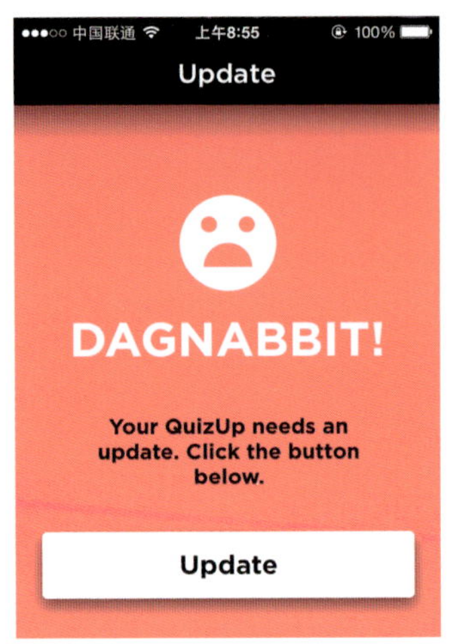

图3-2-4　移动应用QuizUp的图形用户界面

图3-2-5所示为声音制作类移动应用TaoMix的反馈提示，“清除气氛音乐？你正在重新设置新的气氛音乐”，其手法与Look & Cook和PosterLabs的图形用户界面反馈设计类似，但亮点在于对号与错号代替了取消与确认的文字按钮设计，让整个用户界面简单干净。

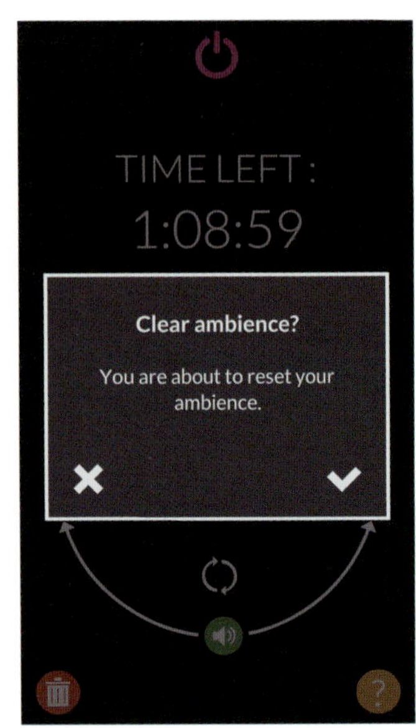

图3-2-5　移动应用TaoMix的图形用户界面

3.2.3 能力

由于人具有操控智能手机移动应用的能力（Capability），具有功能与行动上的自由度，并可以对各种情况进行分析、判断并采取随机应变的措施。所以，判断的错误以及动作的失误都会导致产生错误。智能手机移动应用没有完成人所希求的任务时，用户时常就选择了放弃，对于用户体验来说，这是最糟糕的事情。用户在操作上遇到困难就选择退出甚至删除这个移动应用。所以，对于用户能力的培养，即移动应用对用户的“教学”也是非常重要的。我们即使购买了电冰箱或是微波炉，厂商也会为我们提供说明书。对于智能手机移动应用来说就是在第一次打开这个移动应用时的教学。

图3-2-6所示为音乐播放类移动应用“虾米”的图形用户界面设计，其在第一次打开时就用界面友好地向用户介绍如何使用该移动应用的一些技巧，并且更加贴心的是，其说明本身都内含了对说明书的“注解”，即翻页方式。

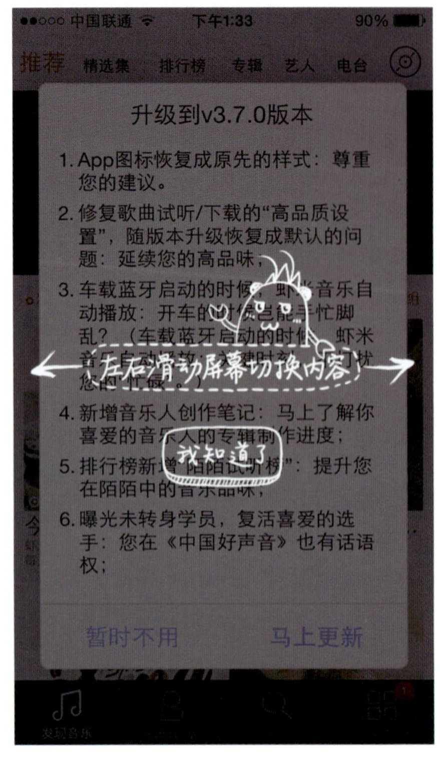

图3-2-6　移动应用“虾米”的图形用户界面

图3-2-7所示为吉他音效模拟游戏移动应用I am guitar的初次打开用户帮助，用更加形象的拟物化方式提供了简单的说明。

图3-2-7 移动应用I am guitar的图形用户界面

3.2.4 情感

著名的青蛙设计公司（Frog Design）提出了“形式服从情感”（Form Follows Emotion）的设计理念。其认为消费者购买的不仅仅是产品，也购买了包含于赏心悦目形式中的价值、经验与自我意识。“情感化设计”即物要传递感受给人，取得与人的感情共鸣。此类感受的信息传达存在着确定性与不确定性的统一。情感把握在于深入目标对象的使用者的感情，而不是个人的情感抒发。设计师“投入热情，不投入感情”，避免任何个人的主观臆断与个性的自由发挥。智能手机移动应用设计反映着设计与人的关系。

图3-2-8所示的5张图为设计移动应用“时间账本”的首次加载页面，作为该移动应用的介绍。第一张先强化整个移动应用在用户心中的形象，使用了移动应用的logo，第二张开始叙述没有该移动应用时的生活状态，之后在第三张递进这种糟糕的生活状态以加深用户的感受，第四张叙述了该移动应用的时间与空间结合的记录方式，并在最后一张引导用户进入该App。移动应用的初次使用界面上增加了一个故事版环节，讲述这个移动应用的功能，一切并非从切实的功能出发，而是情感、感受。

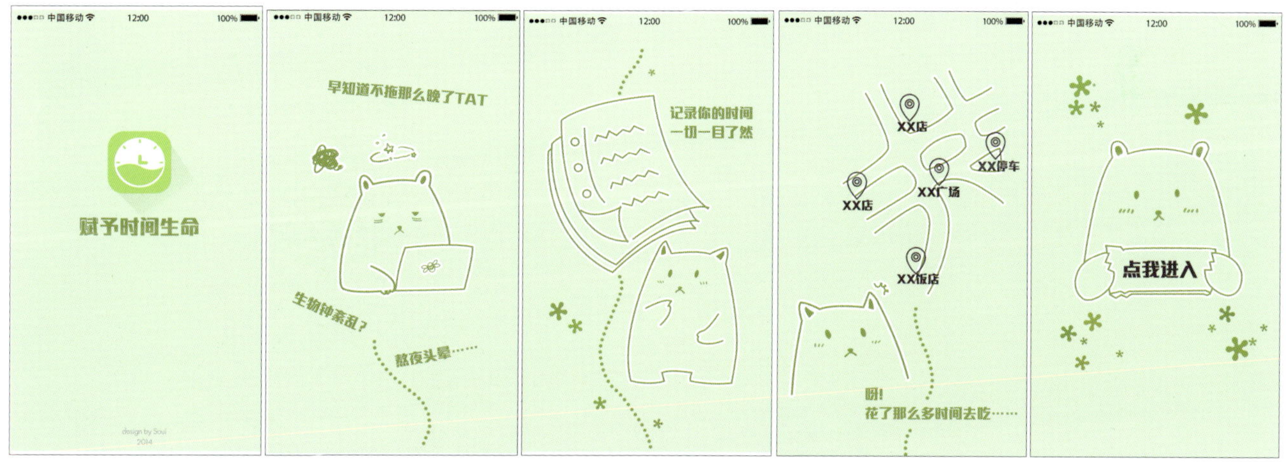

图3-2-8 移动应用“时间账本”首次加载页面 沈静

3.3 设备因子

3.3.1 屏幕

手机硬件与手机软件操作系统相对，是手机所有实体部件的统称。由于硬件是手机多媒体交互视听系统实现的基础，所以其各部件也成为设计中所必须考虑的因素。这些硬件包括显屏、键盘（触摸屏有时会省略键盘的设置）、听筒、喇叭、话筒、充电接口，有些还包括摄像头、USB接口、耳机接口、蓝牙发射口、红外线发射口等。

手机的外观以及硬件的构成与手机的功能紧密相关，也是手机多媒体交互视听系统存在以及设计的基础。虽然手机的外观设计以及硬件设计是工业设计与信息控制设计的研究范畴，手机外观设计的不同以及内部构造、接口的不同也影响到手机多媒体交互视听系统的设计。以下将对此进行详细叙述。

手机屏幕越来越大，屏幕分辨率的迭代越来越快（图3-3-1）。以iPhone的屏幕分辨率迭代为例，iPhone的前三代屏幕参数都是3.5英寸，分辨率为480×320。iPhone 4虽然在屏幕的物理尺寸上没有变化，但分辨率提升到了960×640。由于Retina（视网膜）屏幕的使用，在iPhone 5的显示参数上，提升到了1136×640。

图3-3-1　不同手机屏幕的显示像素

图3-3-2所示为不同手机屏幕的显示像素对比。由于手机显示像素的不同，在设计布局及其适应方式的时候要充分考虑屏幕的像素适应。

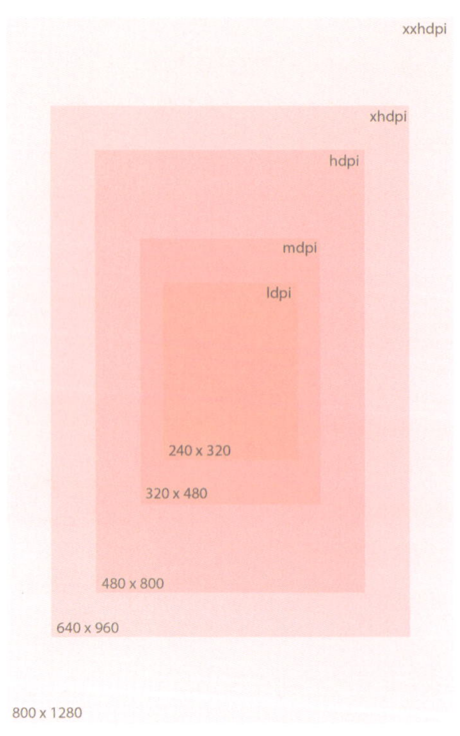

图3-3-2　Adroid系统手机屏幕的显示像素对比

以Android操作系统为例，该操作平台的智能手机硬件多种多样，Android平台将所有的屏幕以密度和分辨率为分类方式。

五种不同的密度分别为ldpi，mdpi，hdpi，xhdpi，xxhdpi。这需要说明的是，DPI是“Dot per inch”的缩写，每英寸上的像素数，用以度量屏幕的像素密度。DPI和PPI一样是度量像素密度的单位，与其不同的是PPI是Pixel per inch的缩写，是一种不同的度量方式。

如果需要的话，程序可以为各种尺寸的屏幕提供不同的资源（主要是布局），也可以为各种密度的屏幕提供不同的资源（主要是位图）。除此以外，程序不需要针对屏幕的尺寸或者密度做出任何额外的处理。在执行的时候，平台会根据屏幕本身的尺寸与密度特性，自动载入对应的资源，并把它们从逻辑像素（DPI，用于定义界面布局）转换成屏幕上的物理像素。

iOS操作系统的不同像素如表3-3-1所示。

表3-3-1 iOS操作系统的不同像素

屏幕种类	屏幕像素分辨率	对应设备型号	密度
3：2 Retina	640×960	iPhone 4，4S；iPod Touch 4	326ppi
16：9 Retina	640×1136	iPhone 5，5s；iPod Touch 5	326ppi
16：9 Retina	750×1334	iPhone 6	326ppi
16：9 Retina	1080×1920	iPhone 6 Plus	401ppi

由于本书所讨论移动应用的制作基本以iOS为基础展开，所以其他平台在这里不再赘述。

3.3.2 触摸

智能机搭载的移动应用大多是用触控来操作的，用语音及按键操作的功能寥寥可数。在考虑触摸区域的设计时，就应尽可能地根据移动应用使用的场景和用户的操作习惯及限制充分考虑布局、图标大小等。以下叙述关于不同手指操作的触摸区域精度、热区与死角。该项目的研究结果来源于淘宝UED研究团队。

针对食指与拇指的操作区域和精度，各个平台操作系统都给出过点触区域的最小物理尺寸标准。

食指：最小尺寸为7mm×7mm。

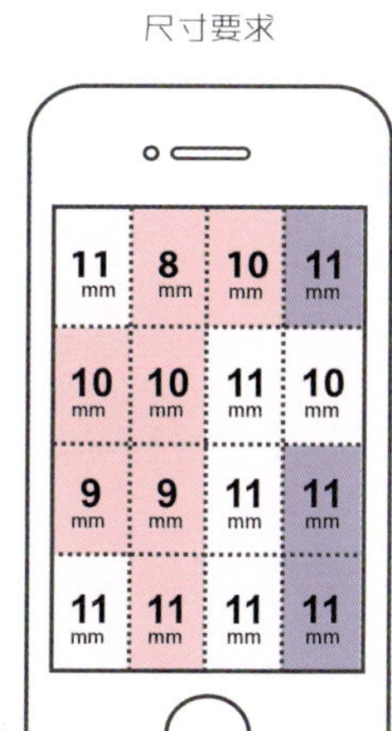

图3-3-3 拇指、食指在触控屏上的最小点击区域 淘宝UED团队

拇指：最小尺寸为9mm×9mm。

而根据淘宝UED研究团队所做研究得出的结果：

拇指操作，建议使用11mm的最小对象。

食指操作，建议使用8~9mm的最小对象。

对于不同区域的位置，可根据图3-3-3进行选择。

如图3-3-4所示，可以很清楚地看到，并不是所有的屏幕区域都是易于操作的，这和拇指与食指的滑动弧度有很大的关系。食指在操作时，死角主要处于屏幕的右侧。对于食指和拇指重叠的易操作区域，如图3-3-4最右侧图所标示的红色区域，是值得移动应用图形用户界面设计人员关注的，而右侧的蓝色区域最好不要放置重要的交互组件。

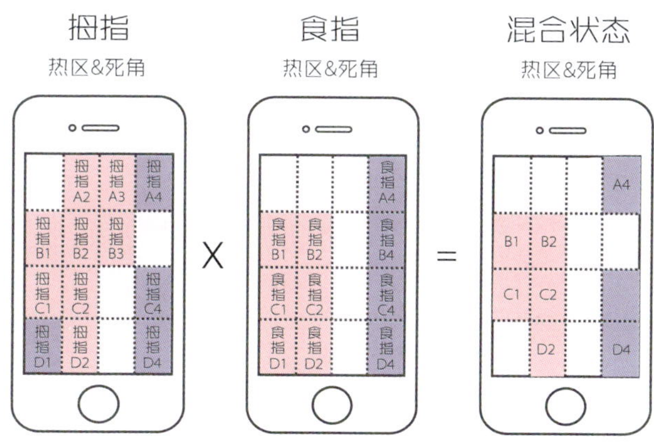

红色:易操作区;蓝色:操作死角

图3-3-4 拇指、食指在触控屏上的易操作区域与死角 淘宝UED团队

3.3.3 按键

Android和Windows Phone有一定数量的物理按键。而iPhone则看起来好像只有一个Home键，但实际上iPhone的音量调节键、静音键及开机键也是作为硬件按键存在的。相对于触屏上的“软键”，我们有时也称这些物理按键为“硬键”。

图3-3-5所示为搭载Android系统的不同品牌手机硬件的下方硬键，其中必不可少的就是返回键。

应用的界面设计在使用了触屏“软键”的同时也应该兼顾到“硬键”的使用。不论是否在屏幕中已经用虚拟按钮代替了按键本身的操作，都应该支持“硬键”的使用。比如在设计Android应用的时候就不应该

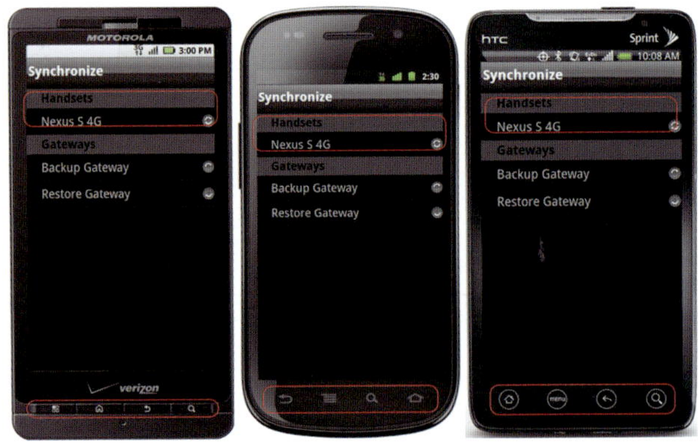

图3-3-5　搭载Android系统的不同品牌手机硬件的下方硬键

忽略返回键的使用。

使用到了平台功能可控制的范围，功能键的操作也应该被允许，例如，在QQ音乐移动应用和虾米音乐移动应用的使用中，音量的调节应可以使用iPhone的音量调节键，虽然在移动应用本身的触屏操作键中有音量调节的滑动条（图3-3-6）。

图3-3-6所示为QQ音乐的音量调节使用硬键的状况，直接在屏幕上出现与系统平台功能相对应的半透明提示框。

图3-3-6　移动应用“QQ音乐”的图形用户界面

而使用软键操作则是在轻点界面任意非软键处的屏幕后弹出的上方菜单，上方菜单的滑动条可以使用触摸的方式调节音量（图3-3-7）。

最后值得提到的一点是，所有按键的功能应用应该做到专键专用，不可以混用。

图3-3-7　移动应用“QQ音乐”的图形用户界面

3.4 场景因子

多样化的移动应用有多样化的使用场景，尤其是移动应用有的时候是作为碎片时间填补工具这样的定位。移动应用最常用的集中使用场景：娱乐、资讯和社交。根据市场调查，游戏高峰始于晚上8点，至深夜11点开始进入电影高峰。而用户对于咨询的摄取往往在早上的8~9点。这是有其缘故的，因为这时正是上班族在地铁或公交车上百无聊赖的时候，使用移动应用打发碎片时间与获取资讯（资料源自《方寸指间》）。

另外，人在等候、睡前等场景下也会使用手机作为消磨时光的工具。另一种则是在紧急状态下使用手机，如使用地图、打车软件、加油站查询等。

3.4.1 场景与姿态

对于智能手机移动应用来说，考虑场景的原因，其核心在于用户本身的操作姿势或是操作状态。一般的用户是怎样使用手机的？大部分当然是在移动中，否则移动终端这种名称也不会在早期作为智能手机另一个听起来很高科技的称呼。

用户们是这样使用手机的，如图3-4-1所示，在等待的时候；或者如图3-4-2所示，在晃动中。

图3-4-1 用户在等待地铁时使用手机的场景 Google图片

图3-4-2 用户在地铁中使用手机的场景

受到用户姿态和情境的影响，例如，在行走过程中，用户不得不以单手操作，并且要关注环境，如是否有障碍物或行驶过来的车辆等。这不仅仅会导致用户的危险，导致输入效率降低；同时，也会导致输入的失误。

iOS所提供的语音输入功能，包括Siri所提供的语音识别与服务功能都是单手操作型交互，都能在一定的程度下满足这样的需求。在众多打车移动应用的设计中，考虑单手操作也是它们的交互特色之一。

如前所述，在移动应用的设计之初就应该将其是在何种场景下使用，这种场景下的影响因素是怎样的，人、机、情境又是怎样的等影响因素纳入到考虑范围中来。例如，供打发在上下班路上的移动应用最好是方便单手操作的，因为在晃动的环境中，可能一只手需要用来保持用户自身平衡。而当用户奔走在路上疲于找车或者找路的时候，单手操作和语音输入就变得非常必要了。

如图3-4-3所示为交通服务类移动应用“滴滴打车”的图形用户界面设计，非常简单的两个按钮及输入框，让用户可以在慌乱找车的环境下迅速地找到所需要的功能入口，并且有贴心的语音服务解决了输入困难的问题。

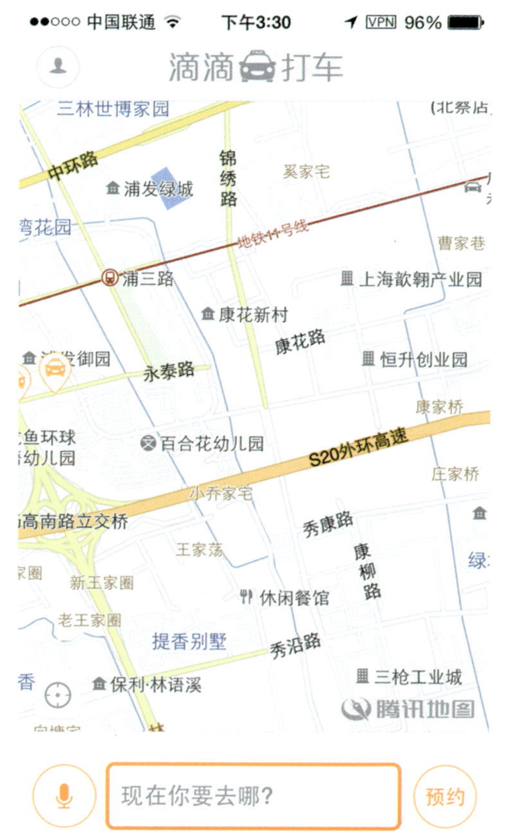

图3-4-3 移动应用“滴滴打车”的图形用户界面

这里值得注意的是，使用单手就可以操作底部的两个功能按钮，这对于iPhone 5这种大小的手机屏幕布局来说是没有问题的，但是大屏手机在交互上左右各一个操作按键可能并不明智，比如iPhone 6 Plus。

3.4.2 场景与网络

“有Wifi？怎么不早聊。”很多热衷与手机黏在一起的用户如此说。Wifi作为网络条件稳定及免费的象征，给许多用户使用手机移动应用带来了安全感。在智能手机移动应用的设计中，有许多有关解决网络流量相关问题的技巧。

在户外使用移动应用的时候，面对网络状况不佳的情况，应该如何设计移动应用给客户带来更好的体验，在用户担心网络流量计费的情况下如何为用户创造更好的使用条件，都是这个小节将要讨论的问题。

其一，帮助用户减轻网络中断、信号不好的焦虑。

网络不稳定的时候，为了得到更好的用户体验，有的时候加载提示刻意地卖萌，比生硬地告知用户“网络很差”要效果好。

至于网络中断提示，每个移动应用也有它们设计的不同之处，对于一旦离开Wifi和3G网络就变得焦虑的现代人来说，如果移动应用提示断网的方式不恰当，只会让用户更加焦虑。

图3-4-4所示为音乐播放类移动应用“虾米音乐”的“网络未连接”提示界面。

图3-4-4 移动应用“虾米音乐”的图形用户界面

虽然平实地提出了“网络未连接”，但胜在给予了重新加载选项的提示，方便用户重新加载。

图3-4-5所示为资讯聚合类移动应用“豆瓣一刻”的“网络未连接”提示界面。

图3-4-5 移动应用“豆瓣一刻”的图形用户界面

用调皮的口气告诉用户“网络好像不太好！”非常符合豆瓣对自己的“文艺”定位。

如图3-4-6所示，为图片社交类移动应用Pinterest的“网络未连接”提示界面。

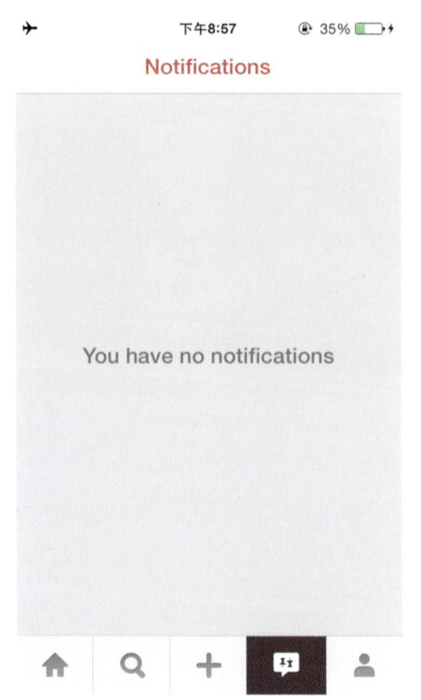

图3-4-6 移动应用“Pinterest”的图形用户界面

Pinterest更加直接地告诉用户没有通知（You have no notifications），或者没有图片，略显得生硬，并没有重新加载提示。

如图3-4-7所示，为图片社交类移动应用Instagram的“网络未连接”提示界面，直接提示没有网络连接（No Internet Connection），似乎略显残忍。

图3-4-7 移动应用“Instagram”的图形用户界面

另外，值得注意的是，很多智能手机移动应用下拉刷新和点击刷新都是单手操作，也是户外操作环境下最常见的重新加载（Reload）方式，都是方便用户操作并减轻烦躁感的设计。

其二，解决令用户担心的网络流量问题。

除了环境给用户带来的压力之外，“有流量的月初很放肆，没流量的月底很矜持”是大多数用户在使用耗费流量移动应用时的写照。而类似QQ音乐的这种与运营商合作的“免流量下载”服务在一定程度上可以解决用户的焦虑（图3-4-8）。

当然，从自身上下功夫也一样重要，较少流量消耗是移动应用的一项重要任务。否则众多的流量监测移动应用，可以让“流量杀手”瞬间显形。聪明的用户自然也会权衡是不是要卸载这个流量消耗大户。

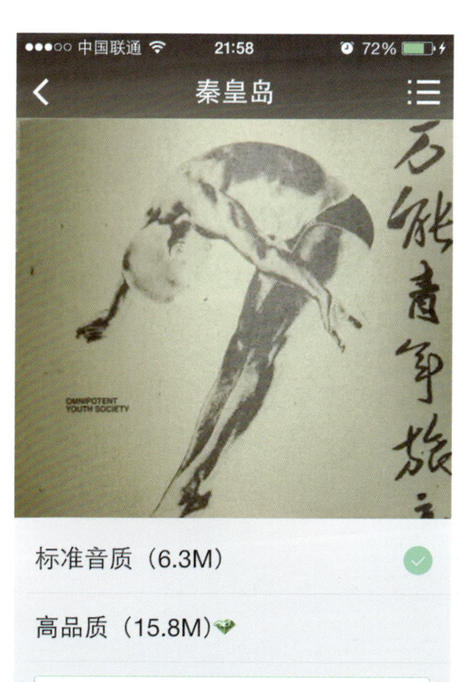

图3-4-8 移动应用“QQ音乐”的图形用户界面

第四章 移动应用界面设计模式及实战

4.1 交互原型设计

交互原型指的是一个交互产品最初建立的与交互行为有关的模型。就移动应用来说，其尝试以最大程度客观地展现最终的交互功能。一个完整的全方位的原型是可满足对设计缺陷的最后检查，并允许设计团队在产品发布前一分钟改进交互方式的模型。

4.1.1 交互框架设计

交互框架是指将交互原型的概念以框架形式展现，并尝试研究其工效的一种表达与构建方式。一个优秀的框架的设计过程是建立合理的等级系统架构的过程，将功能按照用户熟悉易理解的方式进行分类，并建立其层级关系，这和网站架构的建立在某种程度上是类似的，换句话说，甚至一个单位的组织结构也是以这种方式建立的。比如一个学校按照教学单位可以分成若干个学院，学院中又有系部的分类，除此之外，职能部门也就是管理单位可以分成教务、财务、后勤等。

在进行框架设计的时候，深度和广度的平衡要考虑的因素非常繁多。就产品层面来说，包括产品的核心功能、价值，内容的使用频率，内容间的语义相似性、内容组织的有效性；就用户层面来说，用户操作的熟练程度；从外部环境层面来说，用户操作的场景、硬件也就是手机的反应速度都是应当考虑的要素。

交互框架的构建是移动应用交互原型建立的第一步。

对于交互框架的构建，最重要的两个概念是深度与广度。

如图4-1-1所示，纵向的层级数被称为深度，而横向的层级数则被称为广度。以深度为优先的设计就是在纵向层级设置增加级数；以广度为优先的设计就是在横向层级设置增加级数。

广度优先的界面（图4-1-1），从一级菜单到三级菜单仅仅需两次的点击，用户获取信息和反馈的时间大大缩短，但是用户要面对更多的入口选择。例如，在第一次使用的时候也许（当然这只是其中一种可能性）用户需要尝试很多次才能找到他所需要的功能。除此之外，广度优先的界面会使界面看起来更加干净，因为必要展示的信息较少。

在偏深度的界面（图4-1-2）中，从一级菜单到第四级菜单可能需要至少四次的点击，用户操作起来效率不高，并且获得信息和反馈的时间也大大拉长。但优点在

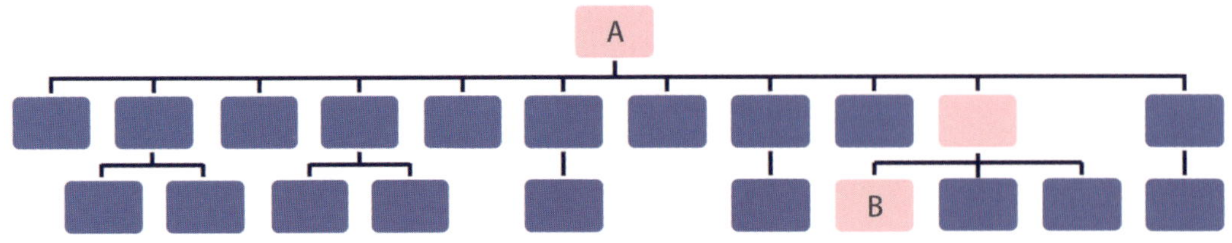

图4-1-1　移动应用原型的广度架构

于，由于更少的入口选择，首先用户不必在初始使用状态下经历多次尝试，其次也给屏幕留下了更多的空间。

想象一下用户第一次使用移动应用，就像是走进一个未经探索与开发的迷宫，如何快速地到达所需要的功能，找到应当到达的页面？在一切未知的情况下，只能顺着层级寻找。在不断进入新导航的同时，也有可能迷失现在所在的位置。

为了更加清楚地说明这些问题与理解移动应用的架构，有一种方法是截图，并按照架构对齐进行整理，这种方法较为直观。虽然这样的方式让架构看起来更像是一个原型。

图4-1-3所示为运动管理类移动应用的架构分析。这种方法是更加接近原型的展示方式。它就是一

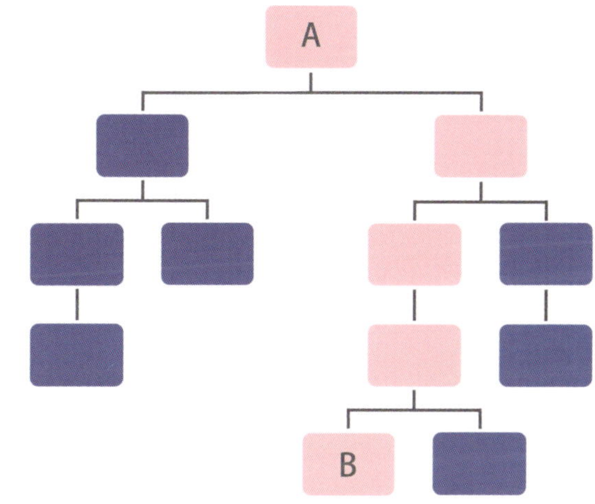

图4-1-2　移动应用原型的深度架构

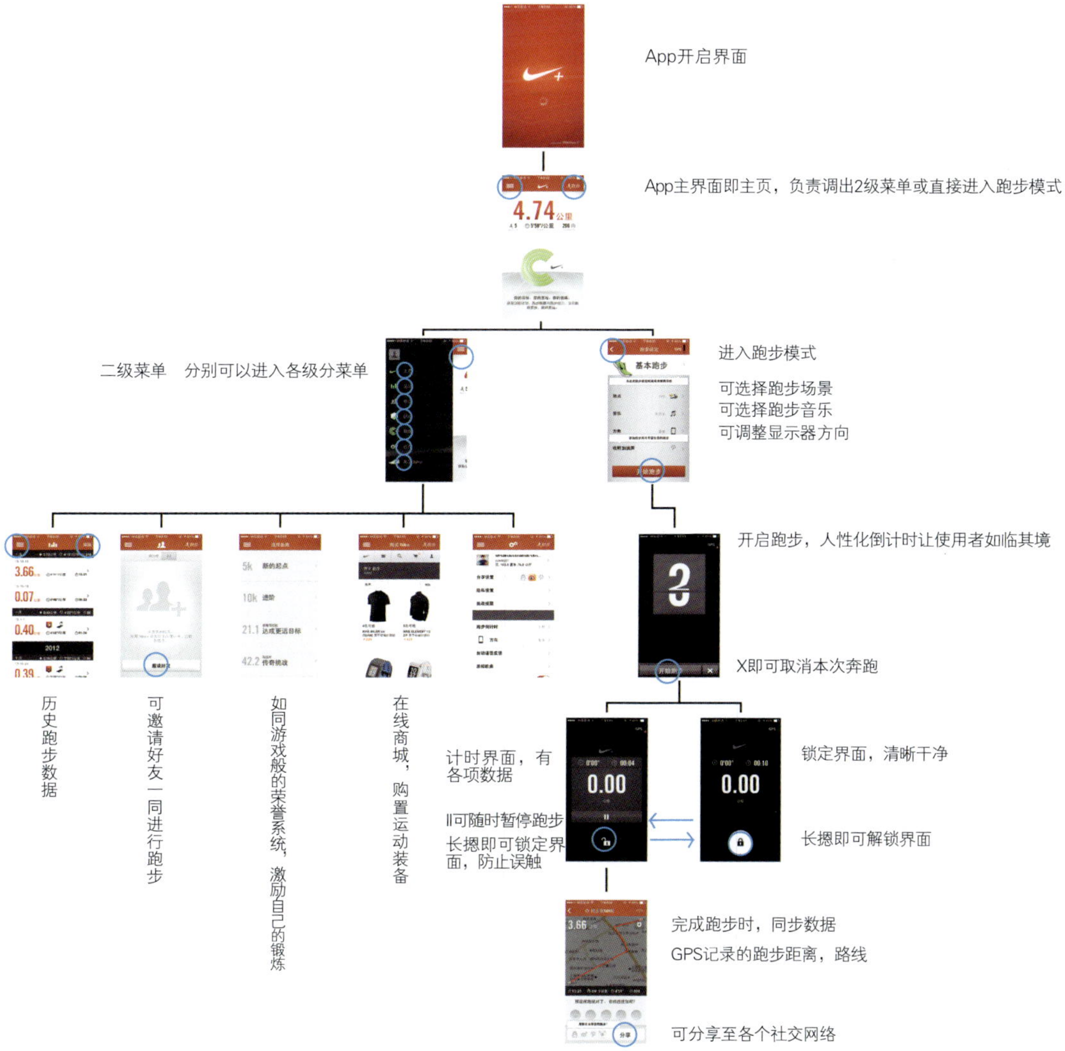

App开启界面

App主界面即主页，负责调出2级菜单或直接进入跑步模式

二级菜单　分别可以进入各级分菜单

进入跑步模式
可选择跑步场景
可选择跑步音乐
可调整显示器方向

开启跑步，人性化倒计时让使用者如临其境

X即可取消本次奔跑

历史跑步数据

可邀请好友一同进行跑步

如同游戏般的荣誉系统，激励自己的锻炼

在线商城，购置运动装备

计时界面，有各项数据

II可随时暂停跑步
长摁即可锁定界面，防止误触

锁定界面，清晰干净

长摁即可解锁界面

完成跑步时，同步数据
GPS记录的跑步距离，路线

可分享至各个社交网络

图4-1-3　移动应用“Nike+”的架构分析　余维佳

个典型的深度优先架构。对于一个用户用来监控跑步活动及其数据的移动应用，它的使用场景是在户外，移动中干净的页面成为较优的选择，所以移动应用设计师选择这样一种架构。

图4-1-4所示为生活记录类移动应用Noter的架构分析。可以明显地看出其是一个广而浅的架构设计，大部分菜单只深入到二级导航，只有部分功能设计到了三级导航。所以其在第三层导航的处理上就采用了极长的滚动交互方式和看似无限长的列表导航。

4.1.2 纸原型

当确定了架构之后，就是确定更进一步的移动应用的图形用户界面的状态。选择何种导航模式，怎样布局整个屏幕上的导航，让什么位置作为触发点，都是这个阶段所需要考虑的事情。直接在电脑上进行制作？那样是绝对不行的。只有直观地观察并验证所思所想是否合理并值得推敲后，才有必要使用电脑来制作真正的用户界面。这里我们要引入一个工具，纸原型（Paper Prototype）。

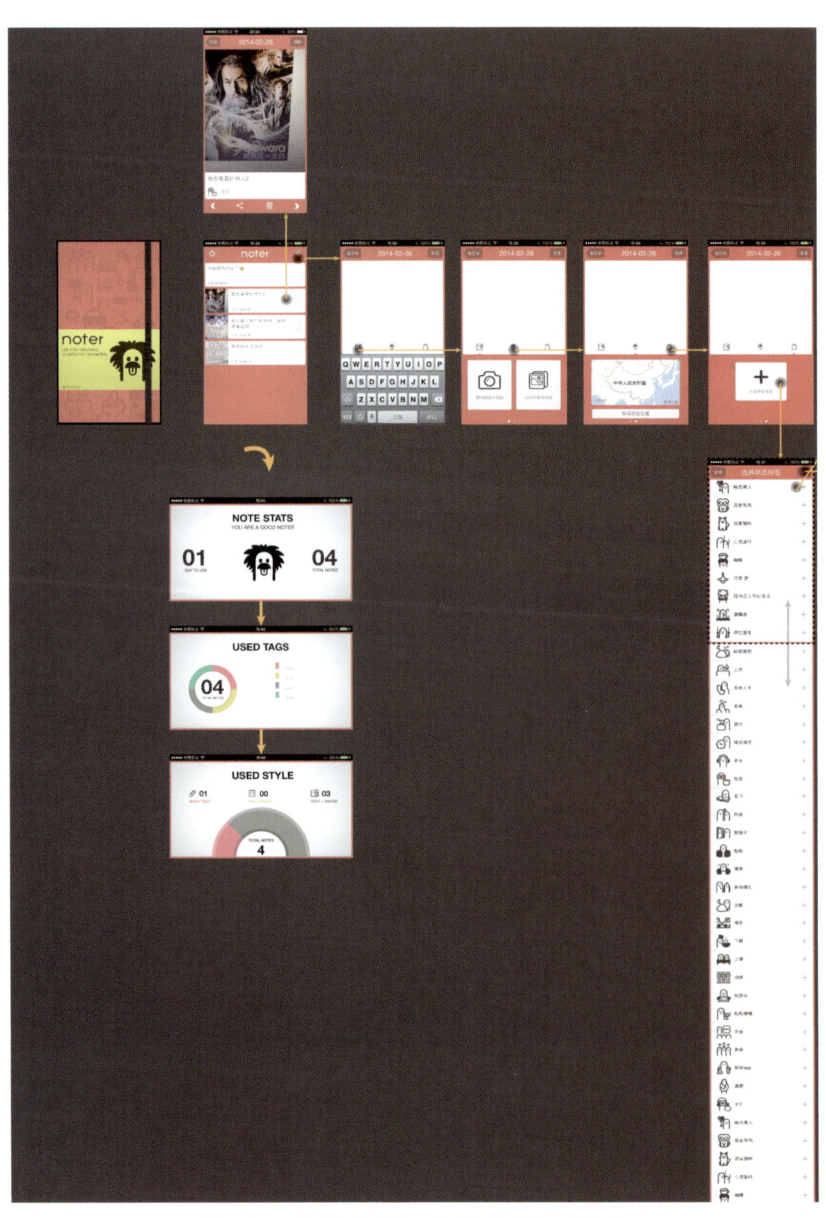

图4-1-4　移动应用“Noter”的架构分析　陈佳妮

纸原型就是将交互框架或者图形用户界面绘制在纸上，并反复检查其交互方式与步骤，并验证其合理性的方法，是一种较为直观、便捷与低成本的原型测试方式。如图4-1-5所示，以打印出来的单张机器模型纸张进行绘制并按照交互步骤摆放来验证其交互方式是比较经典的一种方法。

如图4-1-6所示，纸原型不仅仅可以使用笔绘制，更可以用便笺纸等材料代替按钮或提示框，更可以作为后期修改的遮挡。该案例为平板电脑上的移动应用的纸原型。

图4-1-5　纸原型设计

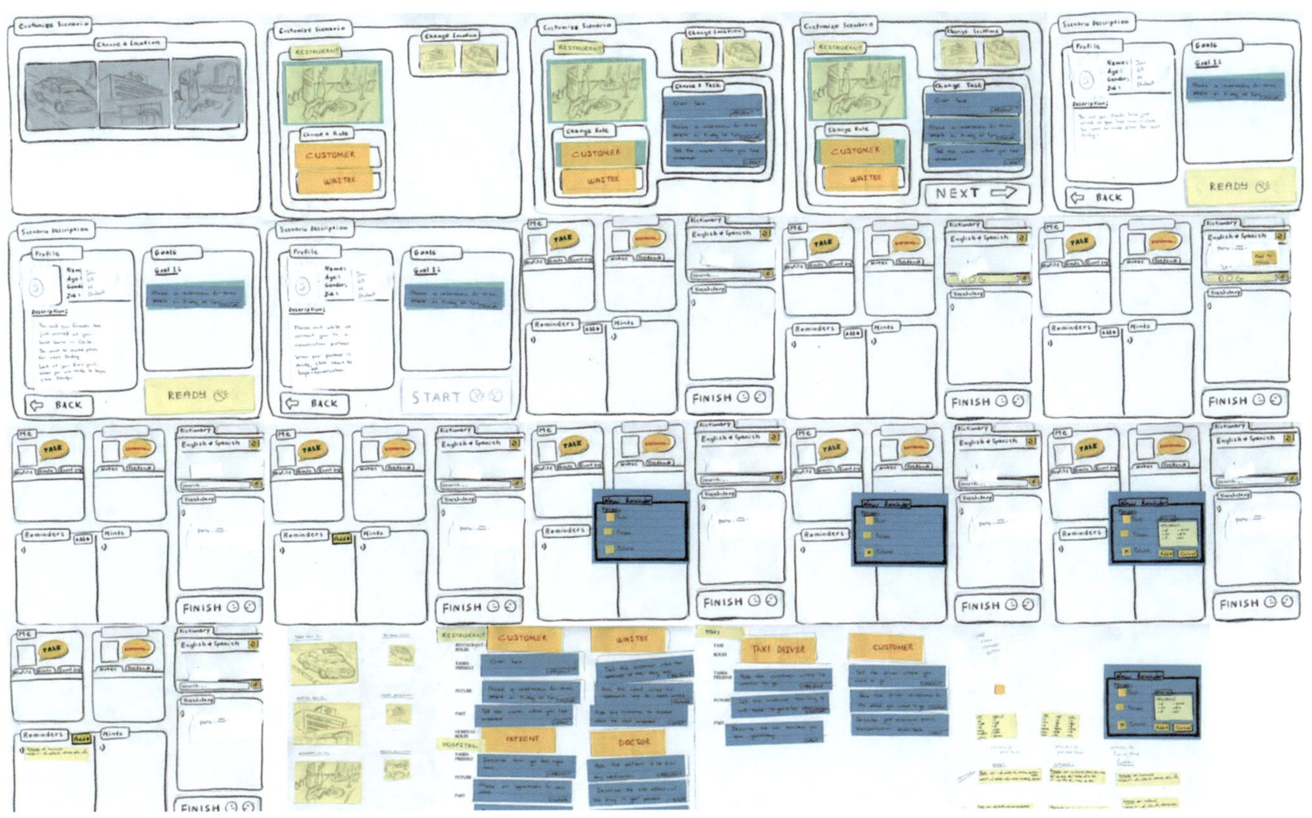

图4-1-6　纸原型设计　佚名

如图4-1-7所示，使用纸张与笔绘制，之后用机器模型打印之后扣空，不仅仅可以在节约资源的情况下看到完整的移动应用图形用户界面交互方式，更可以使用机模的移动来模拟交互的流程，并成为一种具有交互性的用户体验测试。

不仅仅有纸原型，某校2014毕业生毕业设计，还附带一定的文字说明及框架标注，并且在纸原型之外还提供了一定的动态设计说明，图文并茂（图4-1-8至图4-1-10）。

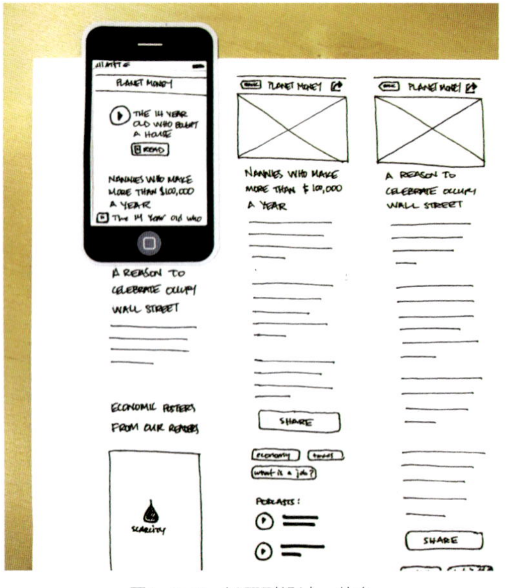

图4-1-7　纸原型设计　佚名

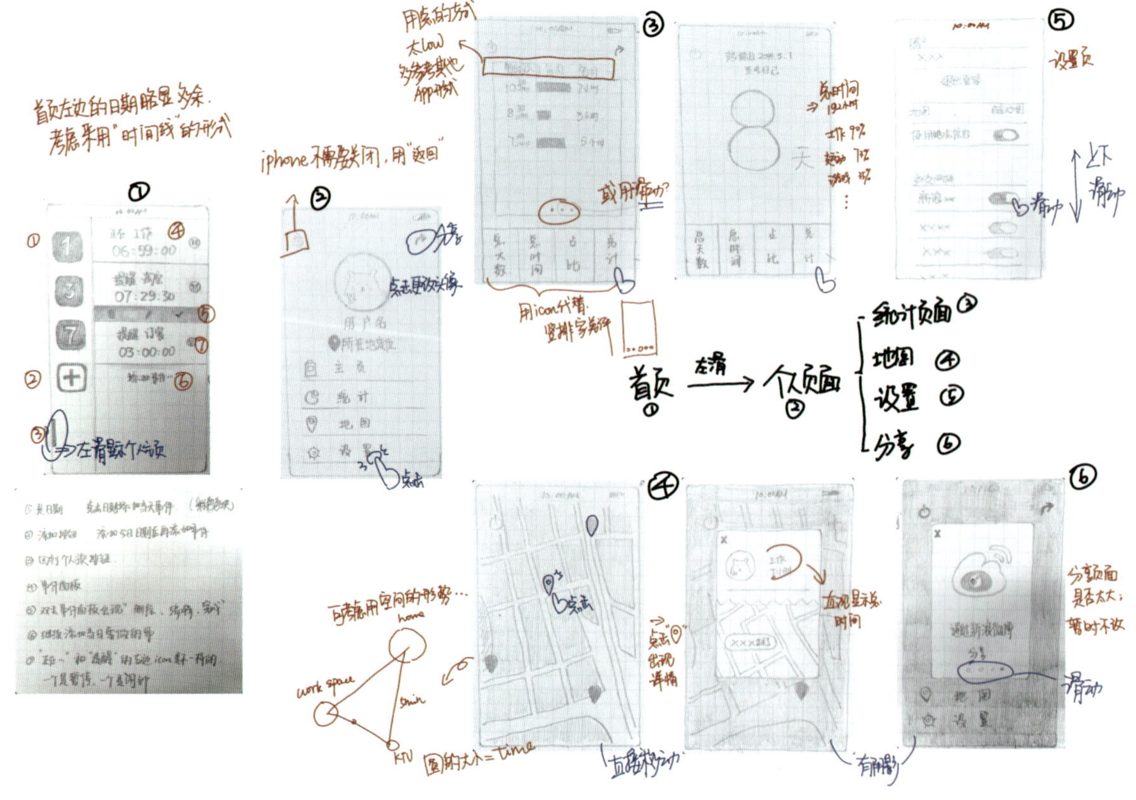

图4-1-8　纸原型设计　沈静

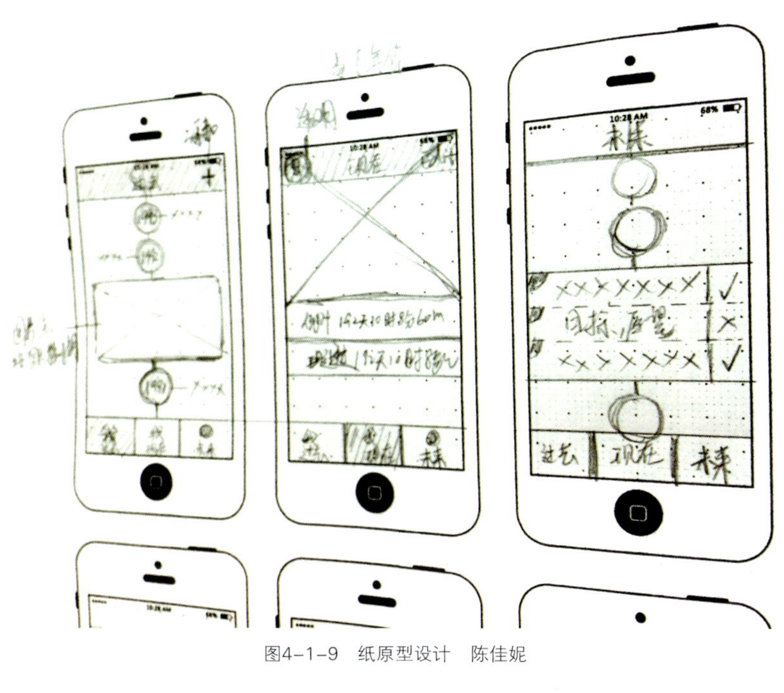

图4-1-9　纸原型设计　陈佳妮

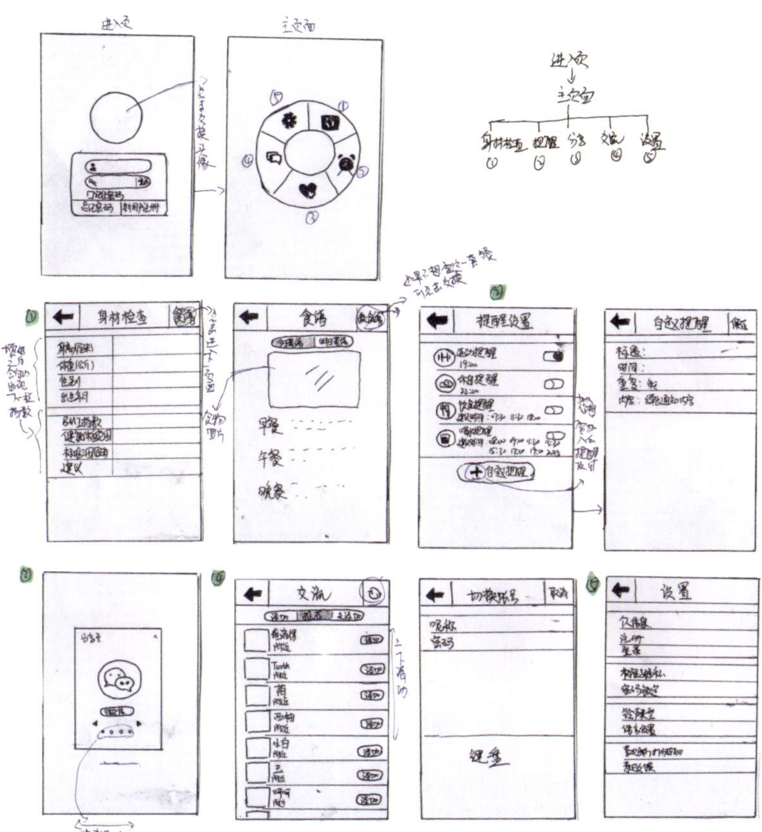

图4-1-10　纸原型设计　周莹璐

4.2 导航模式设计

“完美的导航设计能让用户根据直觉使用应用程序，也能让用户非常容易地完成所有任务。一款应用的导航可以被设计成各种样式。”——Theresa

导航设计（Navigation Design）是图形用户界面至关重要的设计，导航设计所提供的路径是如何进入一个功能的入口。导航应该是可以让用户便捷识别与操作的基本用户界面。

主要模式：跳板式（Springboard）、列表菜单式（List）、选项卡菜单式（Tab）、陈列馆式（Gallery）、仪表式（Dashboard）、隐喻式（Metaphor）等（图4-2-1）。

次要模式：页面轮盘式（Page Carousel）、图片轮盘式（Image Carousel）、扩展列表式（Expanding List）、点聚式、抽屉式。

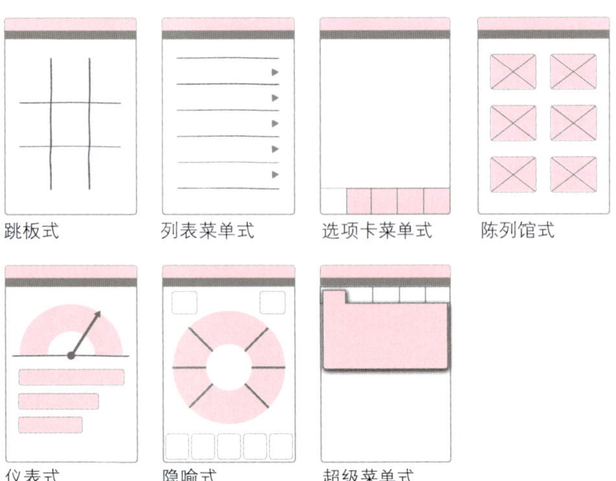

图4-2-1　经典的导航模式设计

4.2.1 跳板式

跳板式（Springboard）导航也被称作桌面式，它有时也被称为“快速启动板”（Launchpad）。因为其类似于手机桌面上的图标（icon）——对应不同移动应用，每个icon对应不同的功能。

每一个icon对应的入口不同，如果要跳转到其他入口就需要回到跳板导航界面，会带来切换的不便。这种导航方式比较适合内容分类阅读移动应用，如Zaker。解决此缺点的方法可以是在底栏上增加一个标签式导航。

移动应用所容纳的内容随着手持移动设备的发展一起发展，纯粹的跳板式导航越来越少，更多的使用方式是将之与其他导航模式一起混合使用，或将其作为二级导航。

图4-2-2所示为图片处理类移动应用“美图秀秀”的导航，其使用的2×3的六宫格方式，icon设计简明，功能一目了然。

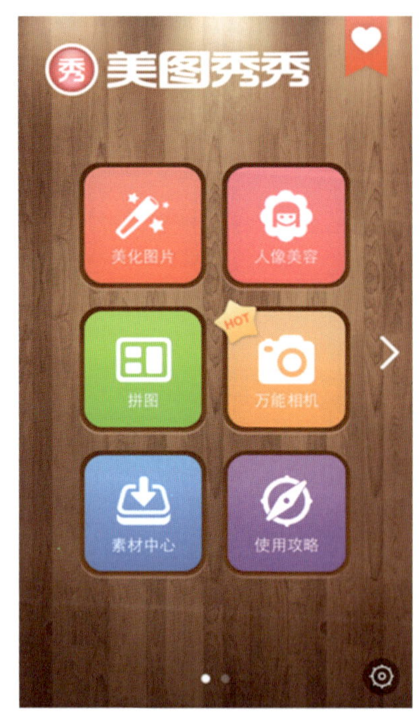

图4-2-2　移动应用“美图秀秀”的图形用户界面

如图4-2-3所示，公司服务类移动应用AMS的跳板式导航是一种较为纯粹的跳板式导航。

这种视觉风格使用了简单的纯色，也是现今非常流行的超平（Super plate）设计。

如图4-2-4、图4-2-5所示，旅行预定类移动应用携程助手和资讯阅读类移动应用ZAKER的导航模式相同，它们都在采用跳板式导航的同时还采用了一个标签式导航。携程助手采用的是不规则网格的跳板式导航，以突出内容的优先级。优先级较高的内容所占面积较大。

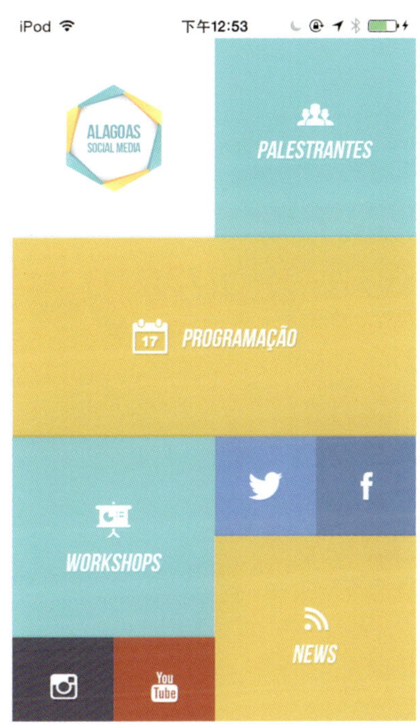

图4-2-3 移动应用"AMS"的图形用户界面

图4-2-4 移动应用"携程助手"的图形用户界面

图4-2-5 移动应用"ZAKER"的图形用户界面

如图4-2-6至图4-2-9所示，购物类移动应用"淘宝""京东购物助手"，消费指南类移动应用"大众点评""果库"，使用的也是跳板式导航，只是在形式上淘宝混合了陈列馆式导航；大众点评混合了列表式导航（见4.2.2）；果库混合了陈列馆式导航（见4.2.4）；京东购物助手混合了列表式导航。这些案例也印证了本节开始所讲述的导航模式的混合应用。

图4-2-6 移动应用"淘宝"的图形用户界面

图4-2-7　移动应用“京东购物助手”的图形用户界面

图4-2-9　移动应用“果库”的图形用户界面

图4-2-8　移动应用“大众点评”的图形用户界面

4.2.2 列表式

每个菜单项都是进入相应功能的触发点。个性化列表（Personalized List Menu）可自定义信息。分组列表（Grouped List）将列表的信息分类。增强列表（Enhance List）增加搜索、过滤等功能。

列表式导航很少单独使用，大多数情况下是混合其他的导航方式。

图4-2-10所示为设计辅助类移动应用Typeset的二级菜单截图，其采用了搜索栏与列表菜单组合的方式，属于增强列表（Enhance List）。既可以滚动预览不同的字体条目，也可以通过输入字体名称找到字体。

图4-2-11所示为在线广播类移动应用EZ FM的一级菜单截图，其采用了图片轮盘与列表菜单组合的方式。由于广播节目的特殊性，整个列表被设计成了一种时间线的表达方式，时间线的设计最早来源于Facebook，之后被广泛应用于许多移动应用的用户界面设计。该列表式导航属于增强列表（Enhance List）。

图4-2-10 移动应用“Typeset”的图形用户界面

图4-2-11 移动应用“EZ FM”的图形用户界面

图4-2-12所示为阅读类移动应用 Kindle，除了列表导航列出书籍以外，在其下方还设计了选项卡导航，可切换云存储的书籍与该设备上的书籍。

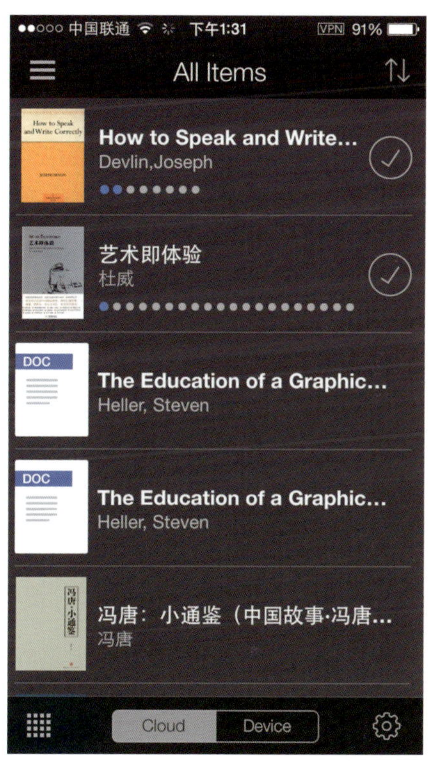

图4-2-12 移动应用“Kindle”的图形用户界面

图4-2-13所示为资讯社交类移动应用“知乎日报”，它的设计手法验证了列表不一定只能是文字。图文混排的列表设计方式可以更加丰富图形用户界面的信息传达量与视觉感受。

图4-2-14、图4-2-15所示分别为管理分享类移动应用“印象笔记”的一级导航页面与购物类移动应用“淘宝”的二级导航页面（发现），它们都采用了搜索栏混合列表式导航与跳板式导航。通过点击右上角的搜索图标或者下拉界面呼出搜索栏。丰富的交互方式让用户不至于厌倦的同时也为图形用户界面提供了较好的信息分类模式。

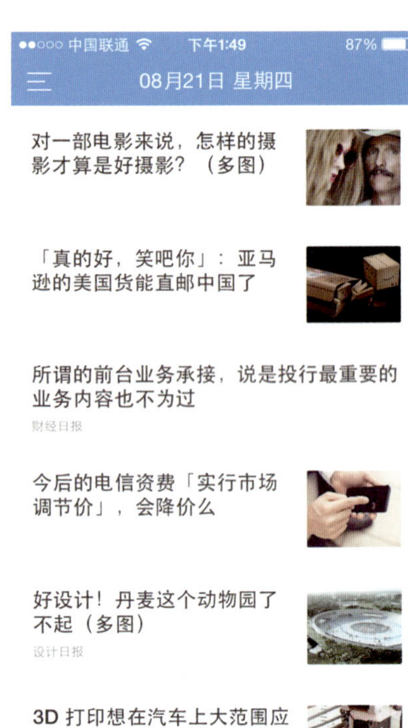

图4-2-13　移动应用“知乎日报”的图形用户界面

图4-2-14　移动应用“印象笔记”的图形用户界面

图4-2-15　移动应用“淘宝”的图形用户界面

分组列表（Grouped List）将列表的信息分类，并在每个分类下面还有二级列表。通过这种方式可以容纳更多的交互内容。图4-2-16、图4-2-17所示为有声书籍类移动应用 Audible的分组列表与声音制作类移动应用TaoMix的分组列表。

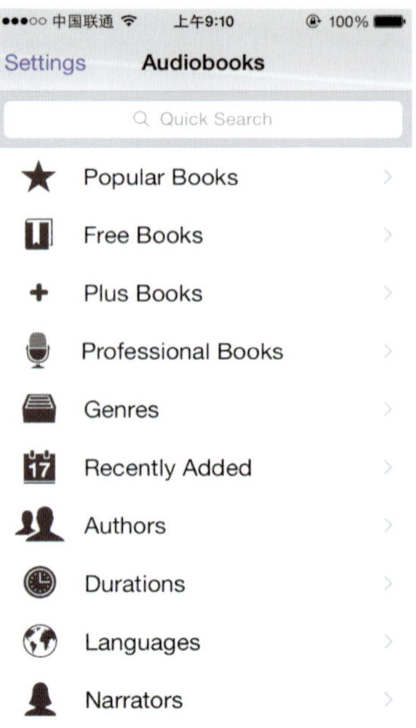

图4-2-16　移动应用“Audible”的图形用户界面

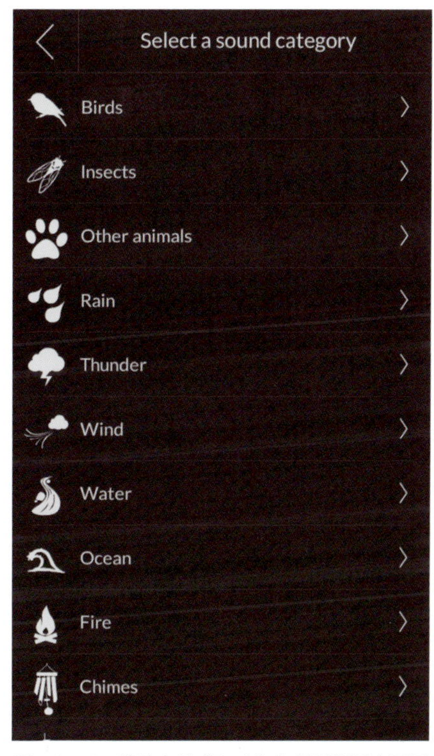

图4-2-17 移动应用“TaoMix”的图形用户界面

4.2.3 选项卡式

选项卡式（Tab）导航也被称为标签式导航。其与标签卡直观、方便选择的性质相似。选项卡在不同操作系统上有不同的对位策略。在Android操作系统中上端多见，而在iOS中多为下端，也是iOS最常用的导航模式之一。

选项卡式导航的优点如下。其一，用户能直观了解移动应用功能。其二，无需返回上层菜单，可直接跳转。其三，用户通过选项卡的外观清楚自己在哪个分类功能下，可以直接切换，简单高效。

根据不同的选项卡导航需求，可以设计3~5个不同的选项卡导航跳转，在选项卡导航位置的icon，不仅仅可以使用一些约定俗成的设计，更可以借此凸显移动应用的视觉风格。

如图4-2-18所示，为图片分享、收藏类移动应用Pinterest二级导航页面（个人）截图，是典型的5选项卡导航，并混合了陈列馆导航模式，使用黑底色标示被激活的选项卡。

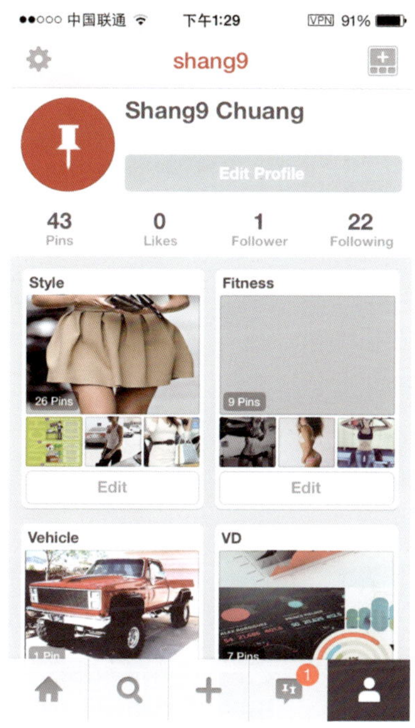

图4-2-18 移动应用“Pinterest”的图形用户界面

如图4-2-19所示，为智能手机资讯移动应用ZAKER截图，是典型的4选项卡导航，并混合了陈列馆导航模式，同时在最上方使用了一个别致的轮盘式导航展示，使用红色icon色彩标示被激活的选项卡。

图4-2-19 移动应用“ZAKER”的图形用户界面

图4-2-20所示为导航类移动应用“百度地图”，其是典型的4选项卡导航，并混合了搜索栏导航方式，除此之外还在地图上安排了5个不同的功能键。以地图展示为界面设计的主要组成部分，并使用选项卡导航切换，这样的导航设计突出了主要功能的同时提供了多样的导航模式。

图4-2-20　移动应用“百度地图”的图形用户界面

4.2.4 陈列馆式

陈列馆式（Gallery）导航也被称为图示导航，通过在页面上显示各个内容项来实现导航，显示内容可以是图片、图文结合、幻灯片；可以呈网格状显示、也可以是幻灯片显示。这种导航的优点是非常直接，让用户被视觉刺激与导引，并且其及时性也更强。例如，图片分享与社交类移动应用Instagram在加载后就会显示好友最新发布的图片。对于此类导航需要配合固定的栏目与标题，标示出用户当前所处的位置。

图4-2-21所示为新闻聚合类移动应用 BBC News首页截图，其是典型陈列馆式导航。图文并排，信息更新与分类。新闻分类成纵向排布，向右展开更多内容，是一个在空间上较为宽广的设计。

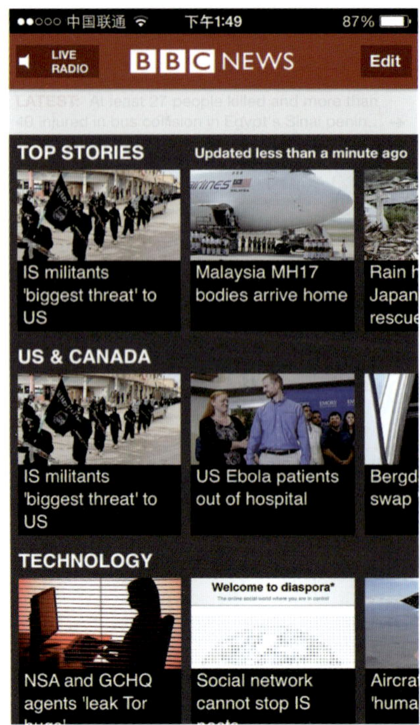

图4-2-21　移动应用BBC News的图形用户界面

如图4-2-22所示，移动应用“良仓”除了使用了陈列馆方式展示产品的细节外，还在底栏使用了5选项卡的功能导航切换。

图4-2-22　移动应用“良仓”的图形用户界面

图4-2-23为时装品牌Asobio的同名购物类移动应用，是典型陈列馆式导航。

二者都有配合固定的栏目与标题。良仓选择黑色作为整个界面的底色，使用了饱满的2×3的六宫格，并且使用了选项卡式导航作为辅助。而Asobio则使用了3×4的十二宫格，并应用了另一种选项卡方式——分段选项卡。分段选项卡是对当下导航内容的再次分类，位于界面的顶部。

图4-2-23 移动应用“Asobio”的图形用户界面

图4-2-24所示为影视社交类移动应用“豆瓣电影”。除了使用影片海报的陈列馆导航方式，还使用了文字与评分的混排，除了图像还传达了更多的信息。

图4-2-25所示为音乐类移动应用虾米音乐，除了陈列馆导航方式之外，还使用了上部的图片轮盘，顶栏、底栏的选项卡式导航。并且顶栏的选项卡以文字方式出现，而底栏则使用了图标，信息层次得以分开，整个设计有条不紊。

图4-2-24 移动应用“豆瓣电影”的图形用户界面

图4-2-25 移动应用“虾米音乐”的图形用户界面

图4-2-26所示为图片社交类移动应用 Instagram，上下滚动的陈列馆式导航配合底栏的选项卡式导航，占满全屏的方形图片设置给了图片更大的展示空间。

图4-2-26 移动应用“Instagram”的图形用户界面

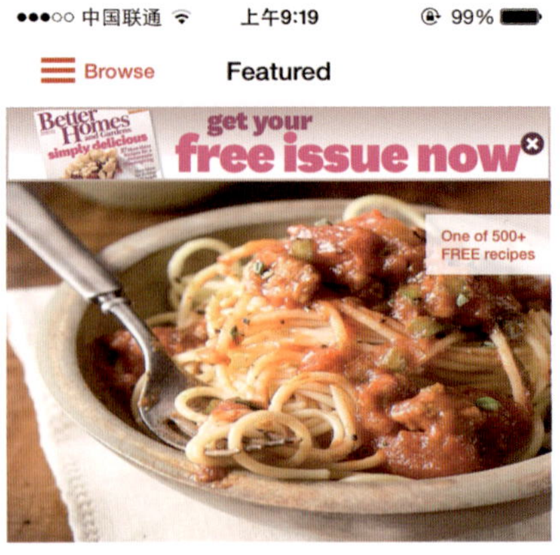

图4-2-27 移动应用“Recipes”的图形用户界面

图4-2-27所示为烹饪社交类移动应用 Recipes，使用不同的陈列馆方式，上方占满全屏的图片，下方使用双栏图片展示方式，使得整个布局变得生动，并且下方的陈列馆图片导航还融入了视频。

图4-2-28所示为烹饪社交类移动应用“下厨房”。以上的所有以“内容为王”的烹饪社交类移动应用，共同选择了陈列馆式导航，并且都同时选择了选项卡式导航作为配合。

从以上的案例可以看出，以“视觉”“内容”为用户诉求的许多移动应用都会选择陈列馆式导航。

图4-2-28 移动应用“下厨房”的图形用户界面

4.2.5 菜单式

菜单式（Menu）导航一般位于顶部，通过点击呼出导航菜单，用户可以通过点击该菜单之外的部分收起菜单。它的优点是与界面的连贯性较好，展开和收起菜单时对当前界面的布局没有影响。并且大部分菜单式导航都是以突出文字内容为主，简单明了。但缺点在于由于操作位置在顶部，会给用户的单手操作带来困难。

图4-2-29所示为资讯社交类移动应用新浪微博的首页截图。其菜单式导航针对的是微博关注人的分组。顶部点击位置显示微博博主ID，指示出当前所在位置，并可通过滚动操作在菜单中显示更多名称。

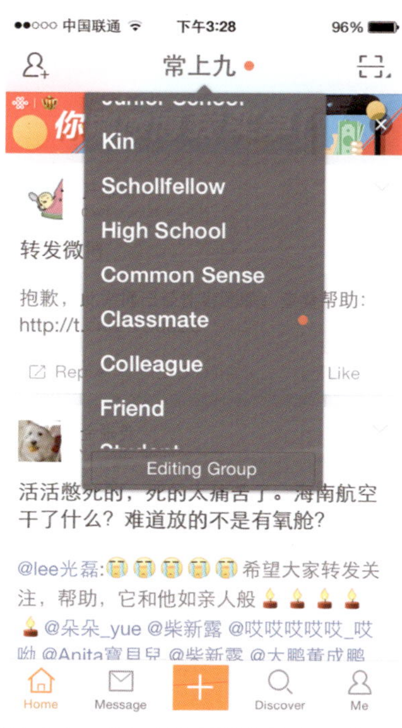

图4-2-29　移动应用“微博”的图形用户界面

4.2.6 抽屉式

抽屉式（Drawer）导航是一种弱化导航界面，而更多关注于当前内容的导航方式。用比喻来讲，抽屉里的内容并非优先级最高的，而当前的内容才是。抽屉式导航在形式上一般位于当前界面的后方，通过左上角按钮或者手势滑动呼出。其缺点也是明显的，第一次使用移动应用的用户可能会不知如何呼出导航。

图4-2-30至图4-2-32所示为资讯社交类移动应用“知乎日报”，交通服务类移动应用“滴滴打车”，音乐播放类移动应用“豆瓣FM”。

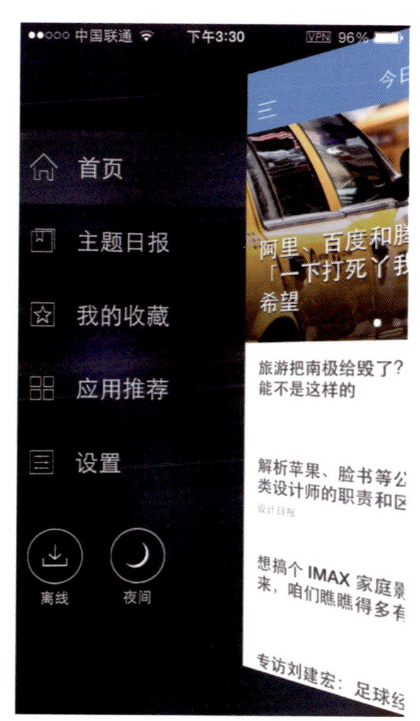

图4-2-30　移动应用“知乎日报”的图形用户界面

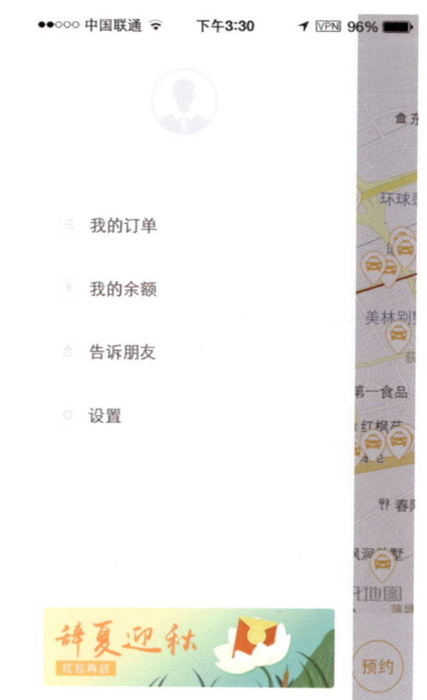

图4-2-31　移动应用“滴滴打车”的图形用户界面

图4-2-32 移动应用“豆瓣FM”的图形用户界面

由于抽屉式导航制造的“第二空间”无形中扩大了屏幕，菜单的扩展性和个性化就有更多种可能。如滴滴打车与豆瓣FM使用的都是抽屉导航界面从左侧浮动拉出的设计，而知乎日报则采取了一种类似三维空间挤压的效果。

4.2.7 图片轮盘式

图片轮盘式（Image Carouse）导航也叫作走马灯式导航，一般适合图片或图文混排的一块块内容并列展示，由用户通过手势滑动聚焦到所需内容。图片轮盘式导航的优点是直观，并方便用户单手操作。但由于人的短期记忆力限制，一般来说，图片轮盘中的图片数量不宜太多，4~7个为宜。在设计中提供视觉暗示，如指示器，或有些图片轮盘为自动滚动，使得用户可以在不操作情况下对图片轮盘导航的数量、方向、位置有所了解。

图片轮盘式导航多使用于二级导航，有时也与其他导航方式相配合。如果说起图片轮盘这种方式的来源，可以说在Web上一早就有这样的概念，比如很多门户网站对新闻图片的轮播展示都是采用这种轮盘的方式。封面浏览（Cover Flow）作为Mac较早就提出的一种展示文件缩略图与CD封面的概念也深入人心。从交互模式上来讲，二者与图片轮盘异曲同工。

值得一提的是，图片轮盘模式在手机机身横过来的时候拥有更加强大的展示效果。因为有超大的视域，是最好的提供可视化的方式。此时展示艺术品、产品、图片都是极其恰当的。

图4-2-33 移动应用“食色志”的图形用户界面

图4-2-33所示左一为专注于美食的图片社交类移动应用“食色志”，左二为图片轮盘在被拨动到一半的时候，界面所显示的状态，左三为完全轮转到下一张图片所显示的状态。在未进入食色移动应用前的“食色志”这样一个类似内容精选的环节中使用了图片轮盘式导航。上方图、下方文字的布局设计清新透气，并在下方设计了橘色的点状指示器，标示出用户现在所处位置。右下角的按钮进入食色，跳转到下一级菜单。

而知乎日报的图片轮盘式导航作为首级页面导航的一个部分，发挥了“图片新闻”的作用，以图文并茂的方式来使用图片轮盘。看起来很像是门户网站的Web的图片新闻导航栏，因为其功能诉求一致，所以在形式上给用户的感受也异常接近（图4-2-34）。

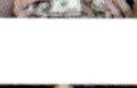

图4-2-34　移动应用“知乎日报”的图形用户界面

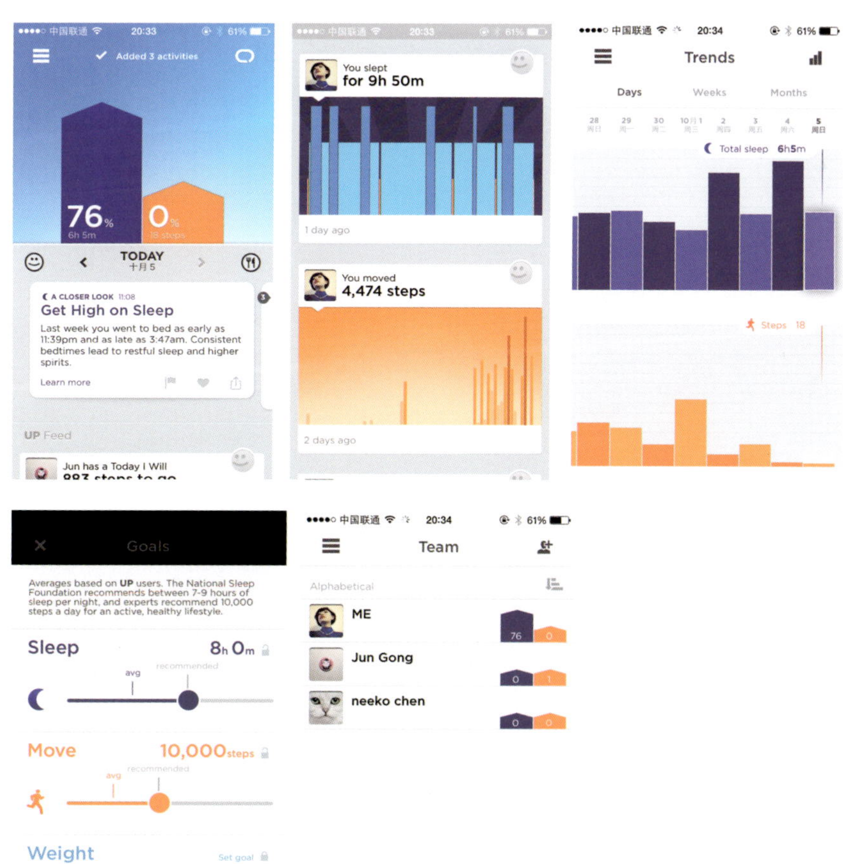

图4-2-35　移动应用“UP”的图形用户界面

4.2.8 仪表式

仪表式（Dashboard）是提供度量关键绩效的指标（KPI, Key Performance Indicators）是否达到要求的方法，经过设计之后每一项度量都可以显示一种数据的计算，给数据定量并定性。主要的表现方法有饼状图、柱状图、数字显示等。对于仪表式导航，在《移动应用UI设计模式》一书中曾这样告诫：不要轻易使用仪表式设计，因为只有关键的数据才值得耗费宝贵的程序资源与后端资源去做这些事情。

以仪表式导航作为导航方式的移动应用一定是以数据为核心的。这种移动应用将可能在今后的10年迅速发展，理由非常简单，随着可穿戴式设备（Wearable equipment）的繁荣，一部分可穿戴式设备是基于对数据的收集的，那作为与之配合的移动应用，展示数据就成为其功能的核心。

例如，可穿戴式设备Jowbone UP与为之配合的健康管理类移动应用UP（图4-2-35）就广泛使用了仪表来展示数据。而展示数据的方式又是多种多样的，多种多样的展示基于不同数据的需求，从功能出发。例如，第一张在睡眠与运动情况的完成度上使用了柱状图；第二张在分别表示睡眠与运动情况发生的响应时间时应用了峰值图；第三张作为更加细化的柱状图，轨迹则整合了第二张的数据和形式，创作了一个无限向左滚动的横向交互图表；第四张则使用了一种操控条的显示方式，以供用户修改自己的目标数值；最后一张“关于我的团队”，则使用列表导航展示了和用户连接所有成员最近在睡眠和运动上的个人数据。

图4-2-36所示为音乐制作类移动应用TaoMix，其用特殊的仪表来表述声音的性质如大小、类型、持续时间等，使用户可以以较为直观的方式去操作控制“不可见的声音”。

数据监测类移动应用MindWave则是通过与Neurosky公司开发的家用脑波仪连接，通过移动应用所展示的数据波动条来显示目前脑波仪佩戴者的各项脑波生理指标（图4-2-37）。

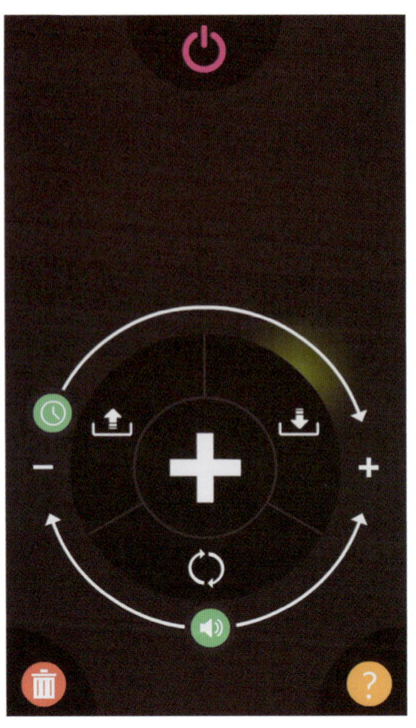

图4-2-36　移动应用“TaoMix”的图形用户界面

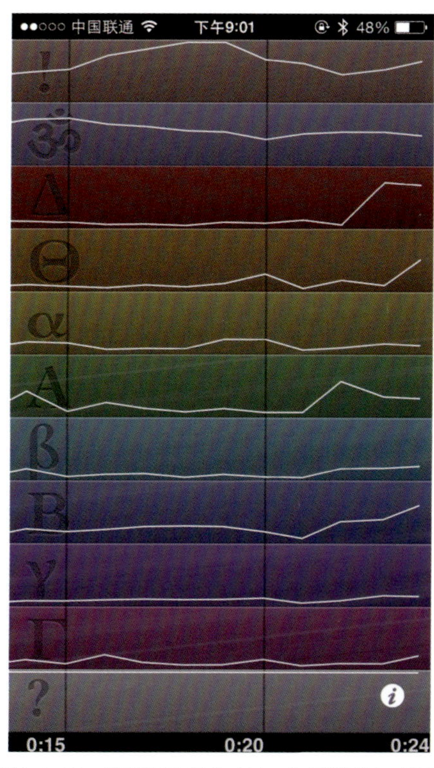

图4-2-37 移动应用“MindWave”的图形用户界面

4.3 色彩

4.3.1 色彩模式

所有的色彩，在计算机中被数据描述，描述的方法多种多样，例如RGB、CMYK、HSL、Lab等。我们最常接触到的就是RGB，RGB是基于显示器计算的一种色彩模式（图4-3-1）。

LCD俗称液晶显示器，每一个点都是正方形的，由3个长方形的颜色区域组成，颜色分别是Red、Green、Blue。通过控制不同液晶的偏转角度，达到控制白光通过液晶后到达人眼的亮度，从而控制颜色的饱和度。这里用的是折射原理，实际上LCD背光只有白光，透过不同的颜色棱镜，就会得到红、绿、蓝三色。

这就是所谓RGB模式，所以在制作图形用户界面的时候应该采取的模式是RGB，而非印刷的CMYK，并且在新建文件时应选择8位深。

图4-3-1 RGB显色图

4.3.2 色彩应用规律

① 在显屏上同一帧内同时出现的非真实感图形的色彩种类应加以限制，一般少于4种，这是由于人眼在观察不断闪烁刷新的显屏时较难同时分辨多种色彩。

② 根据对象的重要性来选择色彩，对于重要的对象应选取醒目的色彩。

③ 色彩的隐喻系统。一个系统中各个色彩设计的含义应一致。例如，错误的提示全部运用红色表示，警告的提示全部运用黄色表示，正常的运行全部运用绿色表示等。保持色彩的一致性不仅仅体现在整体色彩上，还体现在细节中，尤其是图标的设计。

④ 在色彩的选取上尽可能符合人们的习惯用法。比如，地图所示的海洋大部分使用蓝色表示。

图4-3-2所示为图片分享与社交类移动应用Instagram的三级内容，照片地图页面。其中海洋按照惯例被表示为蓝色。

⑤ 为使色彩醒目，便于区分对象，应选用恰当的背景色与前景搭配，使其既不过分对比也不至于混淆。

4.3.3 色彩感受

色彩对人的生理与心理的作用是人对客观物质世界的主观反映。色彩给人以刺激，引起一定的生理变化，随之会产生一定的心理活动；同样，一定的心理活动，也会产生一定的生理变化。实验证明，和谐悦目的色彩，可让人分泌一种有益生理健康的物质，可协调人的血液流量与神经网络，让人生机勃勃，精神愉快。面对色彩时，观者的心理会受到色彩的影响而

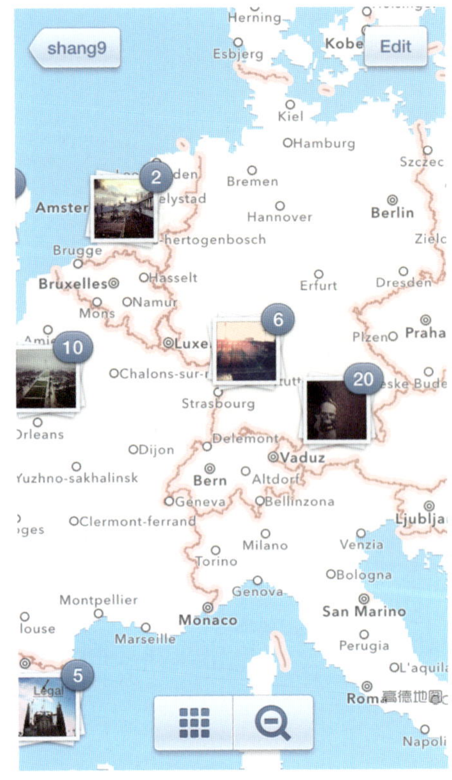

图4-3-2　移动应用“Instagram”的图形用户界面

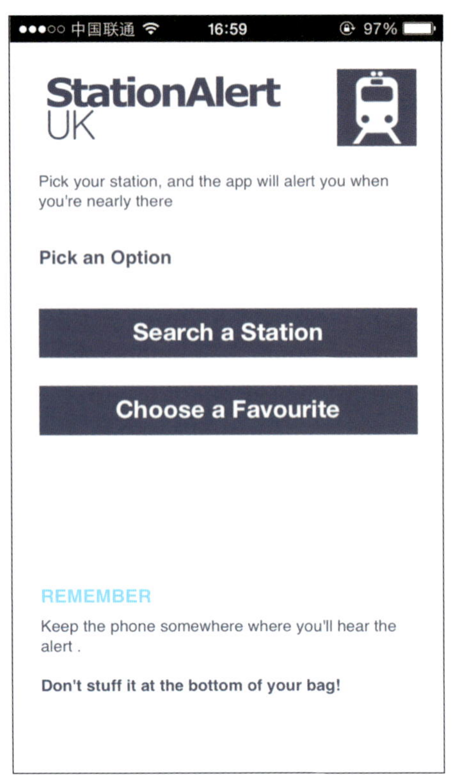

图4-3-3　移动应用“Station Alert UK”的图形用户界面

起变化，此类变化虽然因人而异，但大多数会有下列心理反差效果：冷暖、轻重、软硬、华丽与朴素、积极与消极等。其实色彩本身是不具有任何含义的，只是人的心理认知把它们分成不同的类别。

（1）冷暖

能令人感受到温暖的一类颜色都称为暖色，反之称为冷色。红色能令人联想到太阳或火，是让人有热量感的暖色。如红色般能给予人温暖心理感受的色彩都被称为暖色。反之，蓝色能令人联想到海洋、天空，具有较为理性的移动应用多使用冷色，比如英国资讯类移动应用Station Alert UK（图4-3-3），采用的就是以深蓝色作为主色，严肃，严谨。相对的，淘宝网、大众点评这种消费类移动应用就致力于表现出热情。

至于黑色的应用，早前不少理论将黑色划入移动应用图形用户界面的黑名单，但事实证明，如果黑色运用得当并在色彩所占的面积比例上下功夫，可以规避其不足，从而提升整个设计的用户体验。

图4-3-4左侧为用于电子显示屏模拟的电子工具类移动应用 BannerFlo，右侧为管理记事类移动应用 Suru。

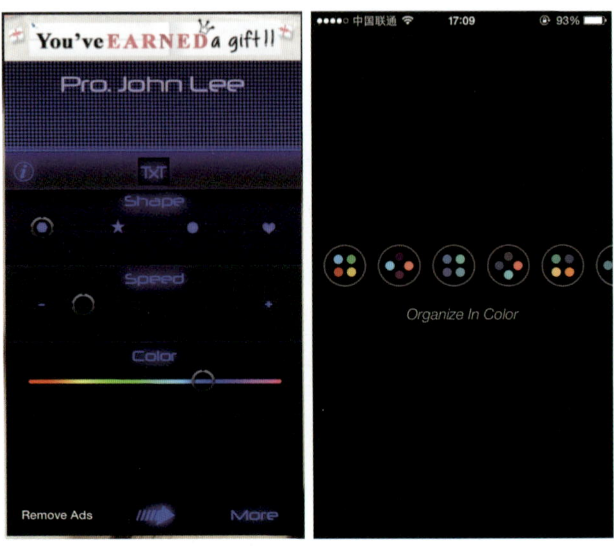

图4-3-4　移动应用“Banner Flo”和“Suru”的图形用户界面

两个移动应用都使用明度、纯度很高的彩色来加强对比，继而冲淡黑色的沉闷。在此基础上，两个移动应用都表现出了科技感。黑色的确是体现科技感的最棒的底色配色。

如图4-3-5所示，Raven Yu设计的iOS 7 Data Usage移动应用，使用全黑色的背景和较细的字体与线型来处理图形用户界面的设计，使整个界面看起来干净、简约并具有未来科技感。

图4-3-5 移动应用“Data Usage”的图形用户界面

如图4-3-6所示，Ramble Ren设计的Mars移动应用使用不同比例的黑、白、红三色，黑色作为背景，使用白色与红色绘制的线条并将数据清晰地可视化。

移动应用图形用户界面的图底关系中，除了色彩本色的色相需要有差别之外，图形的模糊程度也是区分前景与背景的较好方式。

图4-3-6 移动应用“Mars”的图形用户界面

如图4-3-7所示，两张图都为虾米音乐的音乐播放页，除了专辑风格封面和必要的一些导航按钮外，整个界面非常干净。为了让背景和专辑封面形成有机的结合，在图形界面上使用了一种同色彩的明度降低与模糊的处理手法，播放页面随机调用当前播放专辑的色彩并生成背景，协调而有层次，两张图恰恰一冷一暖。

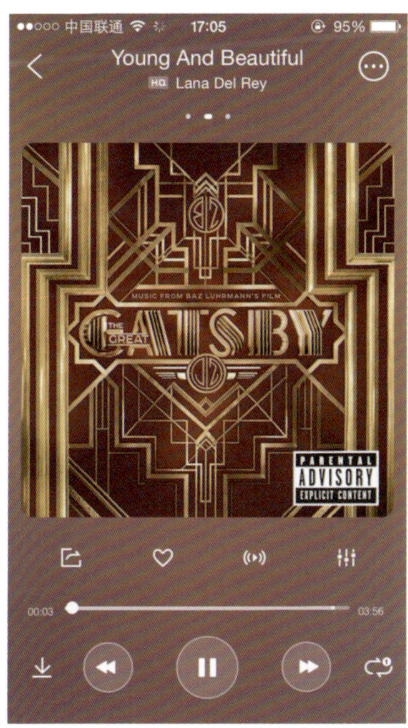

图4-3-7 移动应用“虾米音乐”的图形用户界面

（2）轻重

黑色和白色属于中性色，它们不易分出冷暖，但有明显的轻重之分，黑色能给人厚重的感觉，白色能给人轻快的感觉。一般来说，明度不强的色彩都属于重色彩，明度强的色彩都属于轻色彩。

（3）软硬

色彩的软硬主要取决于色彩的明度与纯度。明度高的色彩令人感到柔软，明度低的色彩令人感到坚硬。纯度低的色彩令人感到柔软，纯度高的色彩令人感到坚硬。

此外，人类还给许多色彩定义了特定的含义，这些含义可以帮助用户来识别这个移动应用的调性。如图4-3-8所示，图片处理类移动应用Perfect365就采用了被大部分人认为是性感的色彩——紫色，而以女性为主要用户群的资讯聚合类移动应用TSM则使用了普遍被认为是女性代表色彩的粉色。

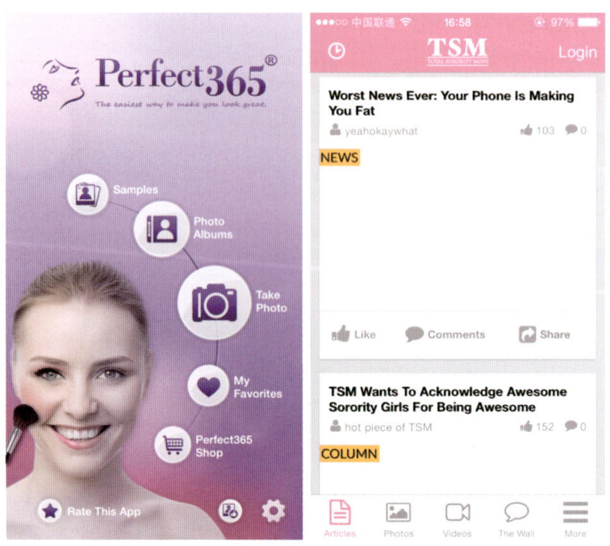

图4-3-8　移动应用“Perfect365”和“TSM”的图形用户界面

（4）明快与深沉

色彩的明快与忧郁感与色相、明度、纯度、配色对比均有关。暖色、鲜艳色有明快感，冷色、阴晦色有忧郁感；明度高的颜色有明快感，明度低的颜色有忧郁感；纯度高的色彩有明快感，纯度低的色彩有忧郁感；配色对比大的，有明快感，对比小的，有忧郁感。

凡是暖色、明度高的颜色、纯度高的颜色具有兴奋感；凡是冷色、明度与纯度低的颜色具有沉静感；配色对比大的色具有兴奋感，对比小的具有沉静感。

如图4-3-9所示，左图为资讯聚合类移动应用UberFacts，右图为生活服务类移动应用SHOPit，同样是绿色却呈现出两种不同的效果，UberFacts较为逗趣与具有活力，而SHOPit用最流行的词汇来形容就是“小清新”。

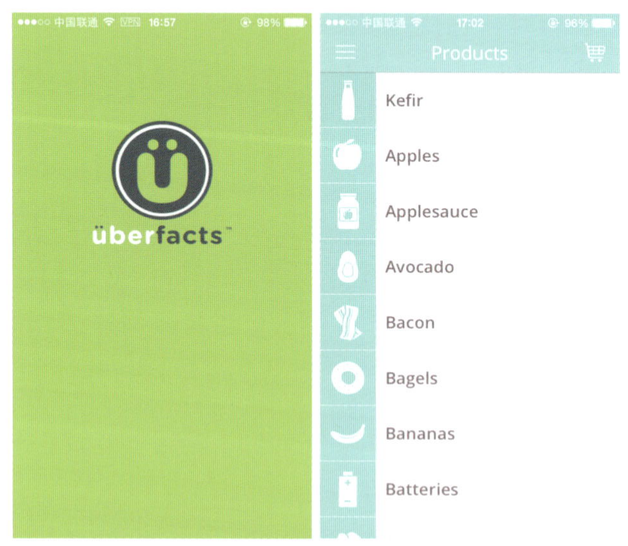

图4-3-9　移动应用“UberFacts”和“SHOPit”的图形用户界面

（5）质感

任何材料的质地都是其本身所固有的。不同的质地通过光与色反映出来作用于人的视觉，使人产生对各种材质的认识。长期的积累，在人脑中形成各种材质色彩的固有概念与联想。但移动应用可以借由一些色彩达到模拟某些质感的目的。

图4-3-10所示为阅读类移动应用“豆瓣阅读”，其使用旧纸色并在加载页的底纹上尝试用了淡淡的字母，看起来好像是较薄的印刷纸透出背后印刷的质感，突破了以往对此类色彩的使用。

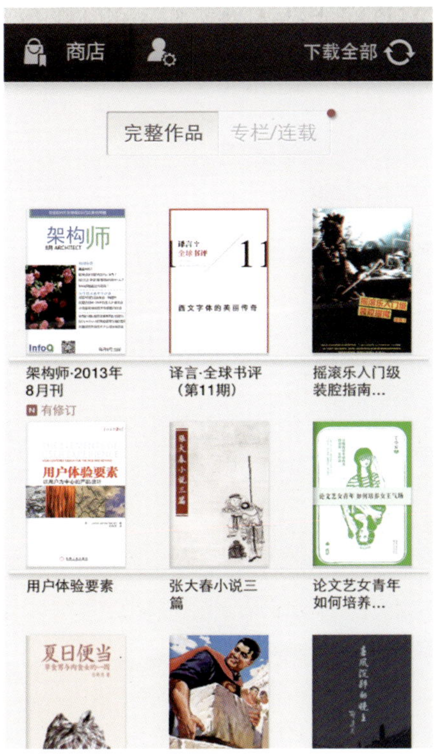

图4-3-10 移动应用“豆瓣阅读”的图形用户界面

4.3.4 设计色彩

什么是好的UI设计，是美的UI设计？好的UI设计并不是为了美轮美奂，它最重要的目的还是交互（Interaction）和信息的传达（Convey information）。只有保证了信息的流通和交互的顺畅，UI才有其存在的价值。如Google一直以来贯彻这一概念，并走在了前沿。

Google I/O 2014开发者大会上宣布全新的设计语言“Material Design”，官方演示视频中展示了日历、Gmail、地图以及一系列应用的一瞥。Google的Matias Duarte称，“Material Design是美丽和大胆的，因为排版干净和布局简单且容易理解，内容才是焦点。”

谷歌同时上线“http://www.google.com/design/”网站，帮助开发者和设计师拥抱Material Design，并为用户创建更棒的体验。

下载Google的Material设计资料包并解压缩之后可以看到如下内容（图4-3-11），只要安装它们到Illustrator和PS中即可使用。

图4-3-11 Material Design下载后截图

以下列出Material Design的部分色卡（图4-3-12）。

引用来自第三方的Material的设计使用说明，可以前往网址http://design.1sters.com/material_design/style/color.html 获悉更多详情。

如上引用色板所示，所有色彩都是以基础色为基准的，基础色的饱和度是500，并在同一色板中提供50~700的不同饱和度色彩。通过填充不同色度的色彩为Android、iOS操作平台上移动应用图形用户界面设计提供一套完整可用的颜色。

Red
500 #e51c23
50 #fde0dc
100 #f9bdbb
200 #f69988
300 #f36c60
400 #e84e40
500 #e51c23
600 #dd191d
700 #d01716
800 #c41411
900 #b0120a
A100 #ff7997
A200 #ff5177
A400 #ff2d6f
A700 #e00032
Pink
500 #e91e63
50 #fce4ec
100 #f8bbd0
200 #f48fb1
300 #f06292
400 #ec407a
500 #e91e63
600 #d81b60
700 #c2185b
800 #ad1457
900 #880e4f
A100 #ff80ab
A200 #ff4081
A400 #f50057
A700 #c51162
Purple
500 #9c27b0
50 #f3e5f5
100 #e1bee7
200 #ce93d8
300 #ba68c8
400 #ab47bc
500 #9c27b0
600 #8e24aa
700 #7b1fa2
800 #6a1b9a
900 #4a148c
A100 #ea80fc
A200 #e040fb
A400 #d500f9
A700 #aa00ff

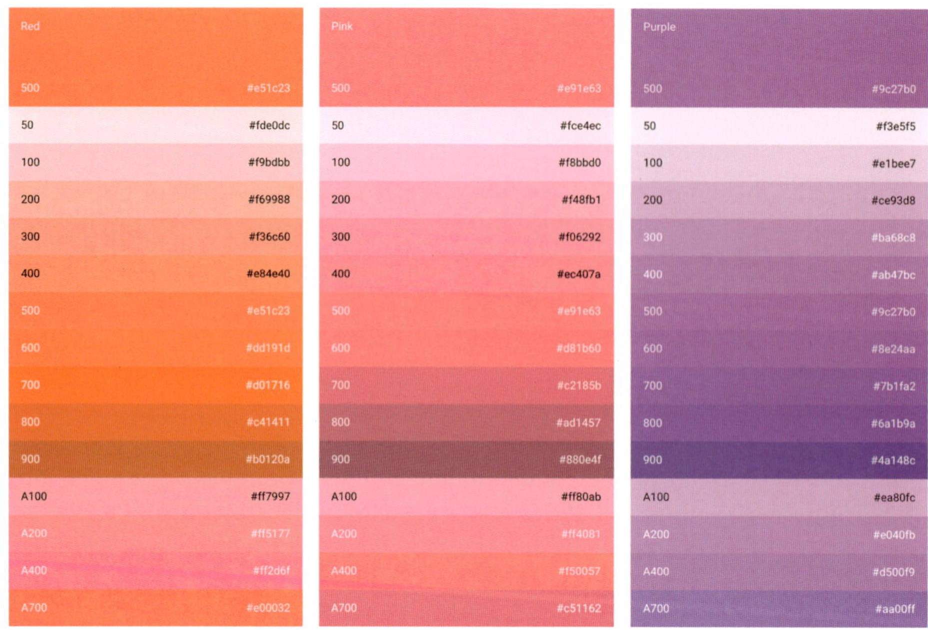

（a）

图4-3-12　Material Design色卡　Google官网

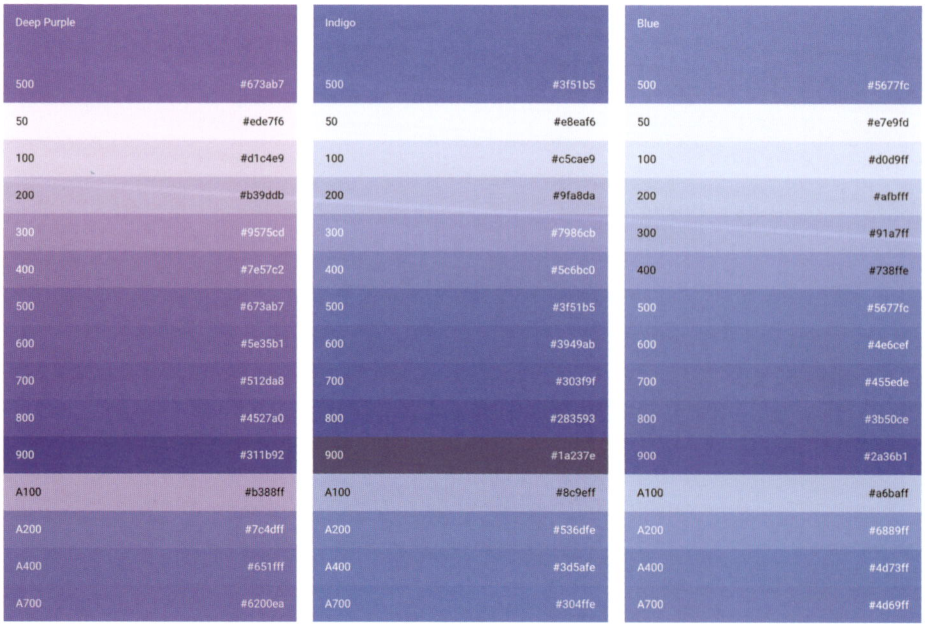
Deep Purple
500 #673ab7
50 #ede7f6
100 #d1c4e9
200 #b39ddb
300 #9575cd
400 #7e57c2
500 #673ab7
600 #5e35b1
700 #512da8
800 #4527a0
900 #311b92
A100 #b388ff
A200 #7c4dff
A400 #651fff
A700 #6200ea
Indigo
500 #3f51b5
50 #e8eaf6
100 #c5cae9
200 #9fa8da
300 #7986cb
400 #5c6bc0
500 #3f51b5
600 #3949ab
700 #303f9f
800 #283593
900 #1a237e
A100 #8c9eff
A200 #536dfe
A400 #3d5afe
A700 #304ffe
Blue
500 #5677fc
50 #e7e9fd
100 #d0d9ff
200 #afbfff
300 #91a7ff
400 #738ffe
500 #5677fc
600 #4e6cef
700 #455ede
800 #3b50ce
900 #2a36b1
A100 #a6baff
A200 #6889ff
A400 #4d73ff
A700 #4d69ff

（b）

图4-3-12　Material Design色卡　Google官网

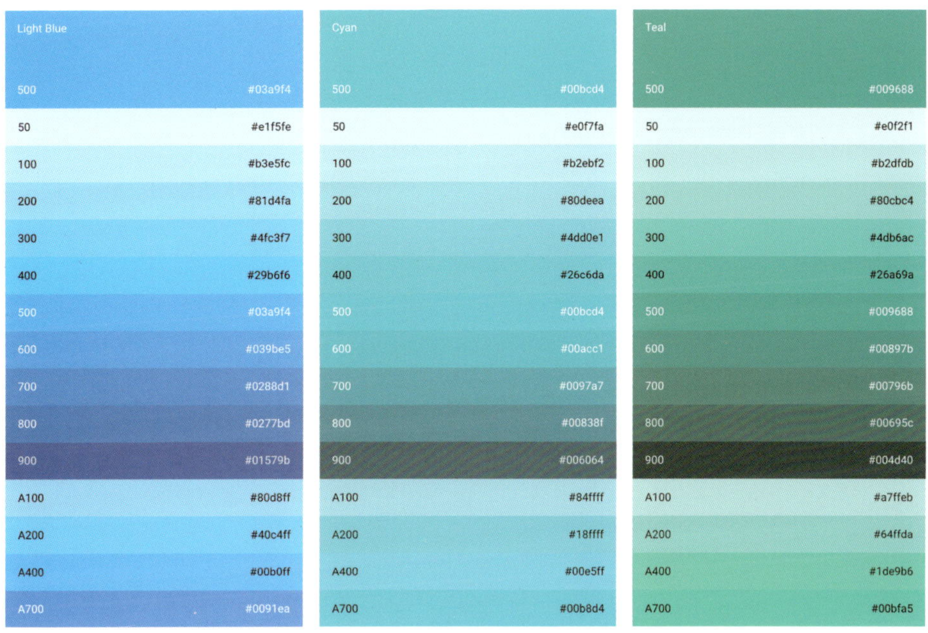

（c）

图4-3-12 Material Design色卡 Google官网

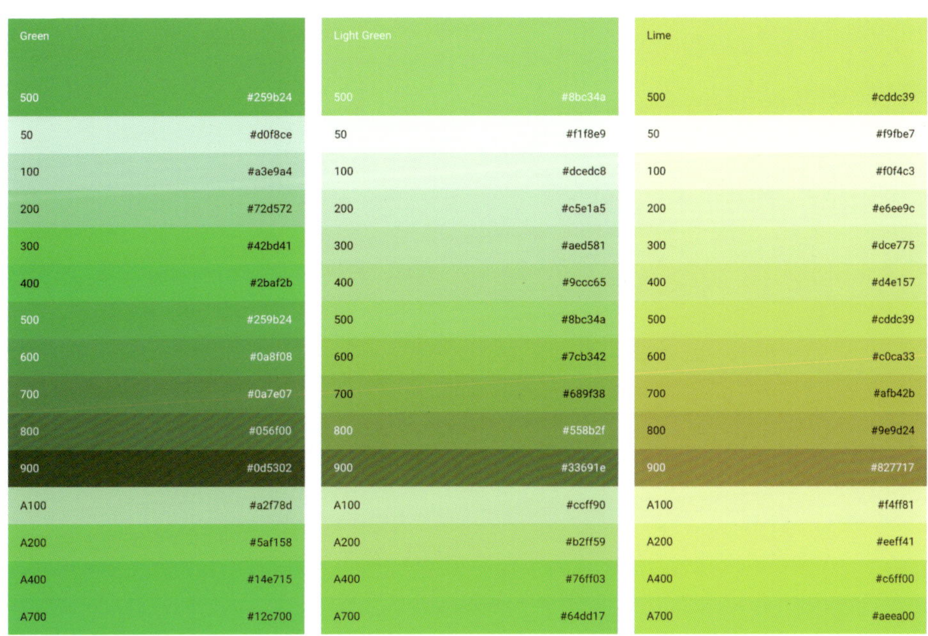

（d）

图4-3-12 Material Design色卡 Google官网

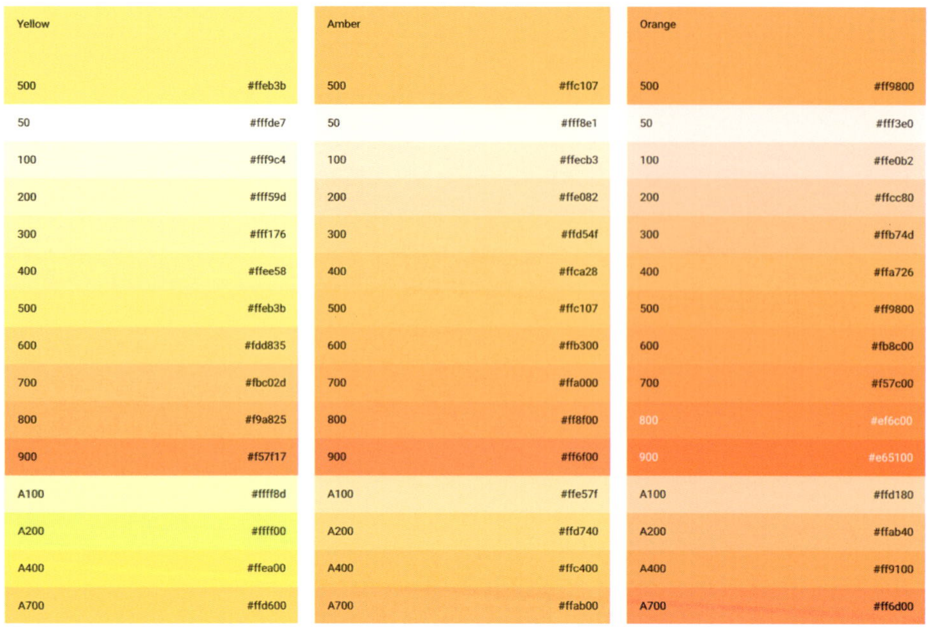

（e）

图4-3-12　Material Design色卡　Google官网

（f）

图4-3-12　Material Design色卡　Google官网

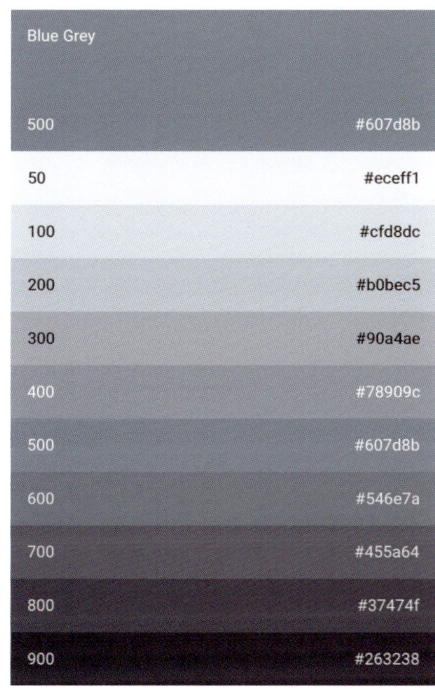

（g）
图4-3-12 Material Design色卡 Google官网

使用Material设计色彩的步骤如下。

（1）选择主色和强调色

由于Material设计色彩的基础要诀是限制颜色的数量，所以首先需要在众多色彩中选出三个色度的主色以及一个强调色。

这里选择的主色（Primary color）是靛蓝（Indigo），并且选择了100、500、700三个不同的主色（图4-3-13）。

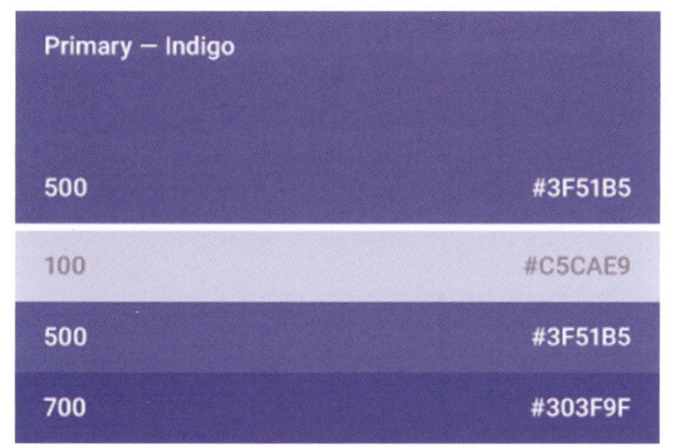

图4-3-13 在Material设计色卡中选择主色

接着选择一个强调色（Accent color），这里选择的是粉红（Pink）（图4-3-14）。

图4-3-14 在Material设计色卡中选择强调色

（2）应用主色，并为灰色的文字、图标和分隔线定义合适的透明度（Alpha）

定义合适透明度的目的在于有效地传达信息的视觉层次，将信息进行分层。这里的图形用户界面设计使用了深浅不同的文本（图4-3-15）。

白色背景上的主要内容文字，如用户名称等内容的透明度为87%。视觉层次偏低的次要文字，其他的内容，使用了54%的透明度。而像正文和标签中用于提示用户的文字，视觉层次更低，使用了26%的透明度。这样使得文字有了自然的分层。

其他元素，如图标和分隔线，采用了具有透明度的黑色，而不是不透明的颜色，如此便能适应任何颜色的背景。

Material设计鼓励在UI的大块区域内使用醒目的颜色以增强传达性。这里值得注意的是，工具栏和大色块适合使用饱和度500的基础色，这样可以使用户快速定位到工具栏和交互模块。状态栏适合使用更深一些的饱和度700的基础色。

如图4-3-16所示，鲜艳的强调色用于主要操作按钮以及组件，如开关或滑块。星标按钮与滑块选项都使用了强调色（Accent），一开始选定的粉红色（Pink），这里使用的是饱和度500的强调色。

如果强调色相对于背景色太深或者太浅，一般性的做法是选择一个更浅或者更深的备用颜色。如果强调色无法正常显示，那么在白色背景上会使用饱和度500的基础色。如果背景色就是饱和度500的基

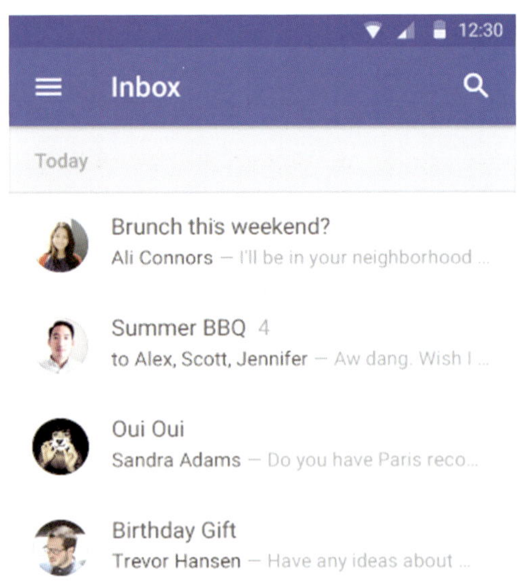

图4-3-15　在Material设计色卡中选择主色Indigo的设计效果

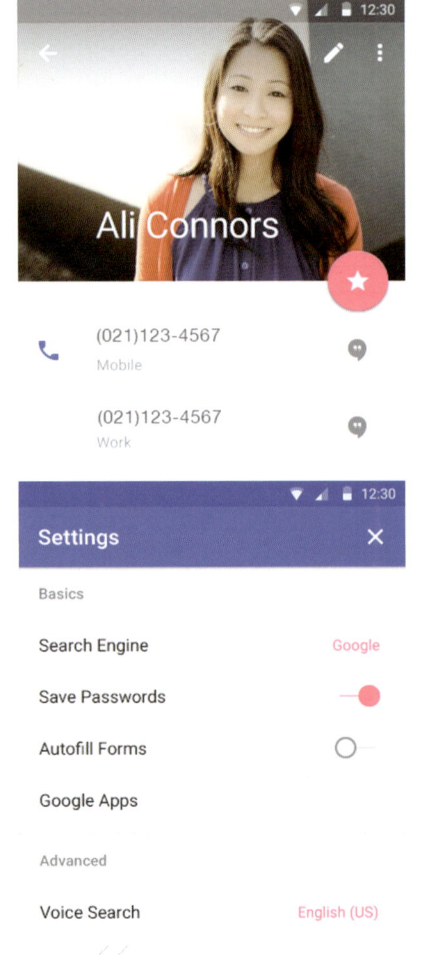

图4-3-16　在Material设计色卡中强调色的使用

础色，那么会使用100%的白色或者54%的黑色（图4-3-17）。

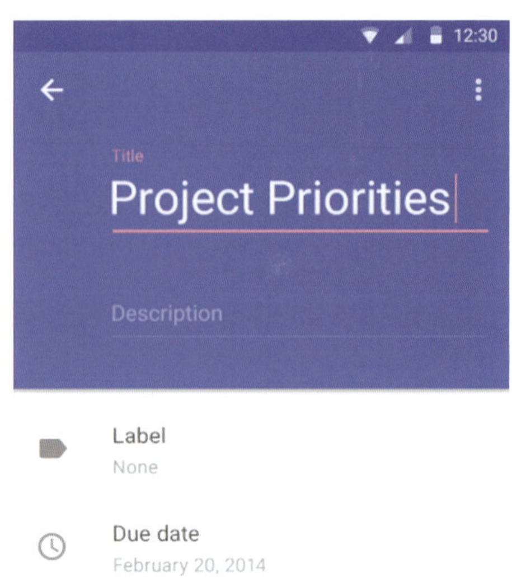

图4-3-17　在Material设计色卡中强调色的深浅改变使用

4.4 图标

4.4.1 图标设计原则

（1）隐喻

隐喻原则的意义在于，当用户看到图标（Icon）的时候就能马上想到现实生活中所对应的物品及其含义。这种隐喻的理论广泛来源于符号学理论。成功的图标第一眼就可以让人看出其到底是做什么用的。图标在整个移动应用图形用户界面中分为外部图标（放在桌面上指向移动应用的图标）和内部图标（指向不同功能的图标）。对于一个外部图标来说，虽然图标可以用来代替或者补充文本描述，但是完全代替文本的情况是较少见的。这是由于难以找到一种图标可以准确而唯一地指向某一功能，并在所有用户中形成默认。所以，最常见的图标使用方式是混合文本使用。图4-4-1所示为课程管理移动应用“简单课程”的外部图标。作为外部图标来说勉强过关，如果它作为一个内部图标来讲一定是失败的。

图4-4-1 移动应用“简单课程”的图标 郭凯婷

（2）区分度

即使是同一系列的图标也需要能够彼此区分，虽然在美学上他们尽量地保持着色彩和形式上的统一。这就是所谓的区分度。由于区分度有关于用户的认知，在帮助用户认知的路途上尽量地使用一些通用化的语言，比如时钟=时间，信用卡或者钱=经济，地图标示=导航等。图4-4-2所示为校信息平台移动应用SPPC的图形用户界面设计，在该设计中尽量区分不同图标之间的色彩面积与构型方式，使得用户在之后的反复使用中较为容易找出图标所在。

图4-4-2 移动应用SPPC的图形用户界面 常方圆

（3）一致

同一套图标的风格应该是一致的，这也是交互六原则中反复提出的。如果制作线框风格，那就统一制作为线框风格；如果使用了长阴影效果，那么所有的图标都应该是长阴影效果；如果使用超平风格，那么超平风格应该是所有图标设计的共通点。即使是选择几种不同配色的设计，也应该在灰度、明度上进行统一。

（4）易记

图标要便于记忆。与文字形式存在的概念化相比，用户更容易记住以视觉形式存在的事物，因此图标相对文字而言，易于被用户所记忆。根据塔尔文（Tulving）的研究，人类对于图标的记忆应属于语义记忆。在同样是指向性的记忆中，图标之间比文字之间的差异更加明显，直观简明，易懂。

图4-4-3所示为生活管理类移动应用Noter的内置图标，代表着生活中不同的活动。这些图标简单易记，为用户下次使用提供了很大的便利。

图4-4-3 移动应用Noter的图形用户界面

（5）规格

所有的图标设计应该遵循系统操作平台所设定的图标大小。对iOS来说，常见尺寸规格如表4-1-1、图4-4-4所示。

表4-4-1

设备	App Store（Retina）	App Store	主屏幕	Spotlight搜索
iPhone 5	1024px-180px	512px-90px	114px-20px	58px-10px
iPhone 4、iPhone 4S	1024px-180px	512px-90px	114px-20px	58px-10px
iPhone & iPod Touch第一代、第二代、第三代	1024px-180px	512px-90px	57px-10px	29px-5px

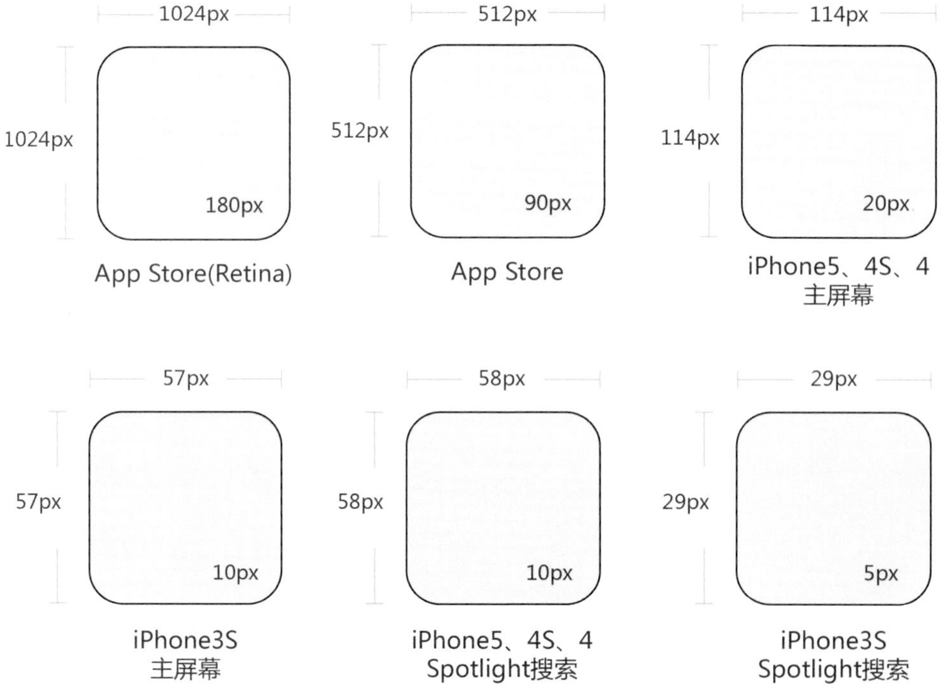

图4-4-4　不同的iPhone操作平台上移动应用的图标（icon）尺寸大小

4.4.2 图标草图

和制作原型一样，在一个移动应用的图形用户界面设计之初不可能直接在软件里绘制图标，那么就先需要有个草案，而草案也决定着最终的图标的走向。草案可以是单独一个，也可以是一个系列，但最终的目的都是找出一个合适的、符合设计原则的图标。

图4-4-5所示为图形用户界面设计分享网站Dribble上的不知名作者所绘制的图标草稿，看起来好像这个草稿过于详细，但在过去五年中流行的水晶风格和拟物化风格一直的要求都是如此。

图4-4-6、图4-4-7所示为校园信息类移动应用SPPC的内外部图标草案。虽然在一开始外部图标有众多的方案，但最终选择了如下的图标设计（图4-4-8）。

图4-4-5　icon草图　佚名

图4-4-6　移动应用“SPPC”的内部icon草图　沈静

图4-4-7　移动应用“SPPC”的外部icon草图　曹越

图4-4-8　移动应用SPPC的外部icon设计　常方圆

图4-4-9所示为陈佳妮同学毕业设计生活管理类移动应用 Own的外部图标设计，该设计也经过了很多次的打磨。对于图形用户界面来说，设计的结果固然重要，但过程一样重要。思考，再思考，找出正确的解决方案。最终，Own的外部图标及相配合的图形用户界面设计如图4-4-10所示。

图4-4-9　移动应用Own的外部icon草图　陈佳妮

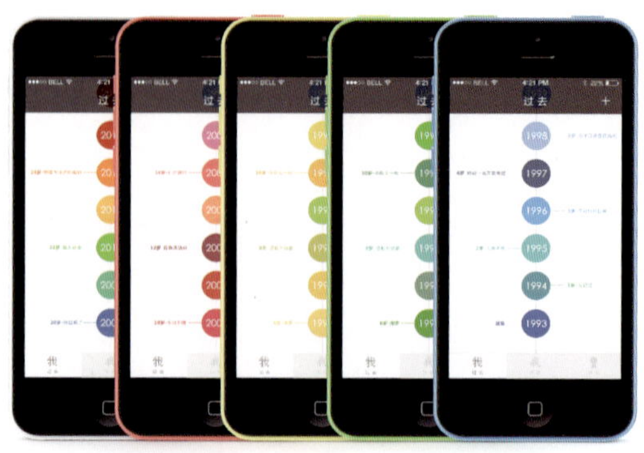

时 间 旅 行 不 再 是 梦 想

回到过去 • 把握现在 • 预知未来

图4-4-10　移动应用Own的图形用户界面设计　陈佳妮

4.5 文字

4.5.1 字体

在移动应用图形用户界面设计的范畴中，如果没有特殊的需求，一般使用的都是系统默认字体，如使用专有字体就需要在输出时将字体打包放在移动应用中，这样会增大移动应用的体积。

一般而言，在iOS平台应用的设计中，中文字体在制图软件中选择“黑体—简”（Heiti SC），英文字体则选择Helvetica或是Helvetica Neue，可以使移动应用在被使用时自动调用系统的字体。

对于Android平台应用的设计来说，中文字体选择Droid Serif，英文字体则选择Roboto。

当然，如上面所述情况也不可能概括所有的移动应用用户界面设计情况。如图4-5-1所示为诗词写作类移动应用“词”的图形用户界面设计。其采用的是方正清刻本悦宋体。如果该移动应用换作是默认黑体，是否风味全无？其次，图（2）、（3）分别是一个可触摸的左右滚动的列表界面的截图，这种左右滚动的文字竖排版布局好像铺开一部长卷，

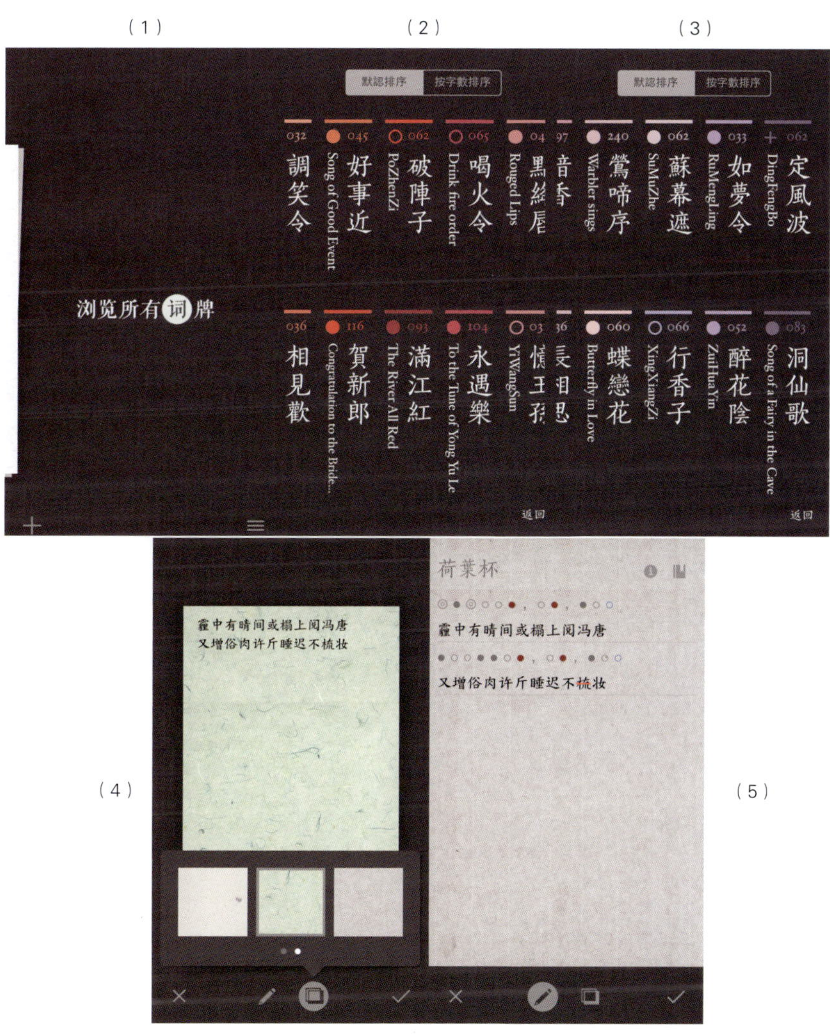

图4-5-1 移动应用“词”的图形用户界面

在使用体验上能充分感受到制作者的匠心，无疑也是和字体最契合的使用方式。且如图（4）、（5），配合字体使用了旧宣纸的背景效果，完全传达了填词的感觉，将图形元素及色彩质感用到了极致。

4.5.2 字号控制

对于Android操作系统来说，字号多选择22dp、18dp、14dp、12dp、9dp。其中9dp被称为极限dp值，因为小于9dp的字很难被识别。

这里介绍一个方便在iOS移动端预览字体大小的移动应用Typeset（图4-5-2），在图形用户界面设计的初期可以避免反复地测试。

图4-5-2 移动应用Typeset的图形用户界面

首先，在首页的搜索栏中填写所需字体的名称，之后进入“已选择”，按照字体页面进入到字体调整页面，拖动滑动条调整字体（Font）、字体大小（Size）、字体间距（Tracking）、字体行距（Line spacing），之后点击“应用（Apply）”，就可以在界面上看到字体应用的视觉效果（图4–5–3、图4–5–4）。

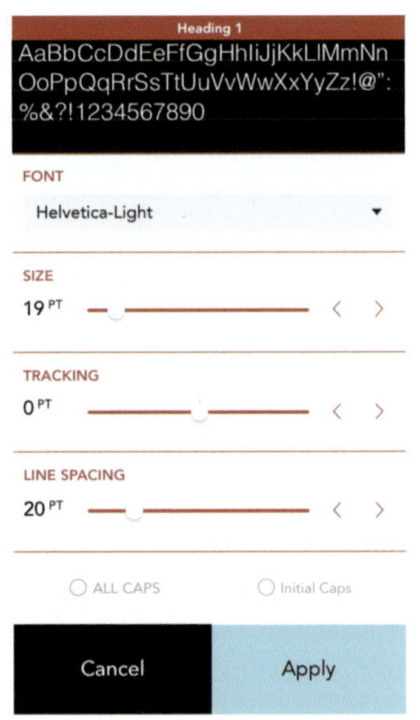

图4–5–3　移动应用Typeset的图形用户界面

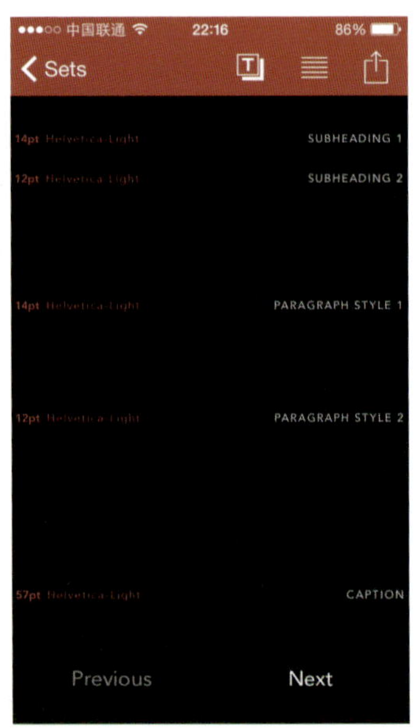

图4–5–4　移动应用Typeset的图形用户界面

除此以外，Typeset还提供了四种不同的布局版式以供检验字体在屏幕上与布局相结合的效果，并且这些布局中的字体全部都是可以通过选项调节的（图4–5–5）。

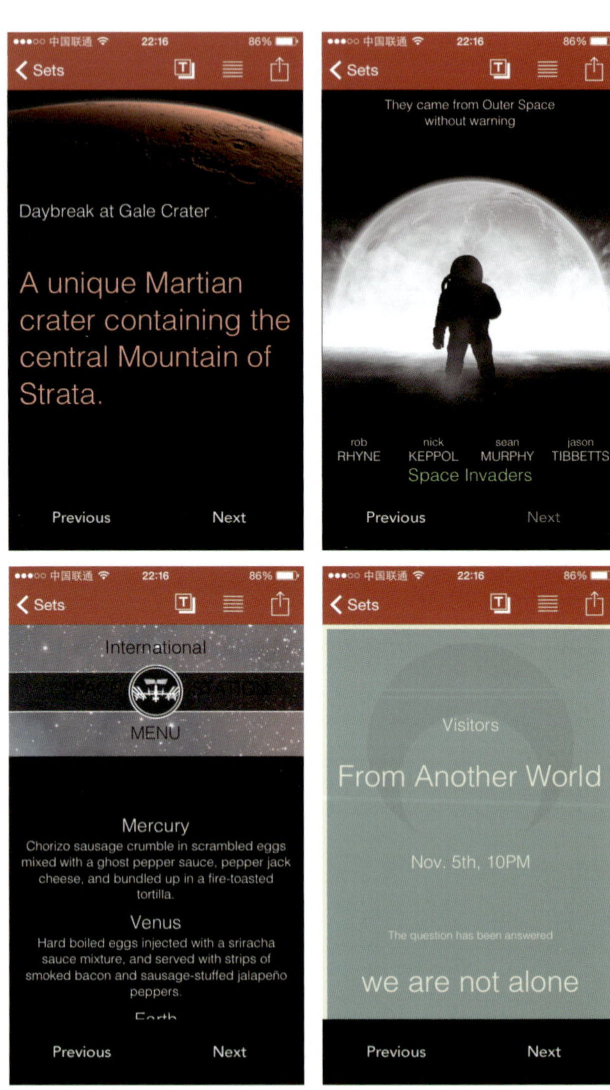

图4–5–5　移动应用Typeset的图形用户界面

4.5.3 字体色彩

在大部分的移动应用图形用户界面中，除了移动应用本身固定的菜单字体的特殊色彩设计，大部分的字体色彩设置都是为了方便阅读而存在，字体的色彩用以区分点击前与点击后的状态变得尤为重要。这里有三个资讯阅读类移动应用，分别是知乎日报、豆瓣一刻、ZAKER（图4–5–6至图4–5–8）。它们都使用了相同的方式来标定标题，以显示文章是否被阅读过，被阅读过的文章标题将变得更浅。从人的认知角度来说，尤其是黑或灰色的色调的字体，越浅的物体或者说是字体看起来距离用户越远，其注目性就没有较深的字体强。

图4–5–6 移动应用“知乎日报”的图形用户界面

图4–5–7 移动应用“豆瓣一刻”的图形用户界面

图4–5–8 移动应用“ZAKER”的图形用户界面

4.6 加载设计

4.6.1 启动页加载

以iOS操作系统为例，当看到如图4–6–1所示的加载页，一般情况下用户的第一感受大约是“我的智能

图4–6–1 iPhone等待的图形用户界面提示

电话可能死机了”，然后用户可能会尝试使用手机顶端键（Top key）关机。所以在移动应用的图形用户界面设计中，绝对要杜绝此类现象的发生。如果抛弃这样的循环转动小花标示，那么如何设计一款有趣的加载页面呢?

最常用的办法是将加载的过程数据可视化（Data visualization），这是在网络时代交互中最常用的加载显示方式，比如Flash网站加载条，当用户看到加载的百分比数目一点点增加的时候，对数据加载多少的心中有数会让用户觉得安然与自在。其次，就是使用加载动画，对于人的视觉认知与心理感受来说，静态的图像在长时间停滞后会让人觉得厌倦，而动起来的图像则可以弥补如上缺失。

如图4–6–2所示，TaoMix的加载页面上，从圆形有小鸟图案的图标上不断泛出涟漪一般的白色光环，并在加载时配合一定的音效。用户至少需要10秒以上去观察这个颇具细节的动画，不知不觉间加载时间就过去了。这时，移动应用也已经加载完毕。

图4–6–2　移动应用TaoMix的图形用户界面

图4–6–3所示为游戏类移动应用 Super cool party的加载页面，从右至左滚动的动画加上不断变换的人物不仅有种目不暇接的直观感受，而且让用户忍不住再多等一会儿。与此同时，背景的色彩也不断变换。在短短5~10秒的加载过程中让用户对游戏中的人物也做了熟悉。并且，这种无限延展的、左右相对空间的动画设计方法突破了有限的智能手机屏幕。

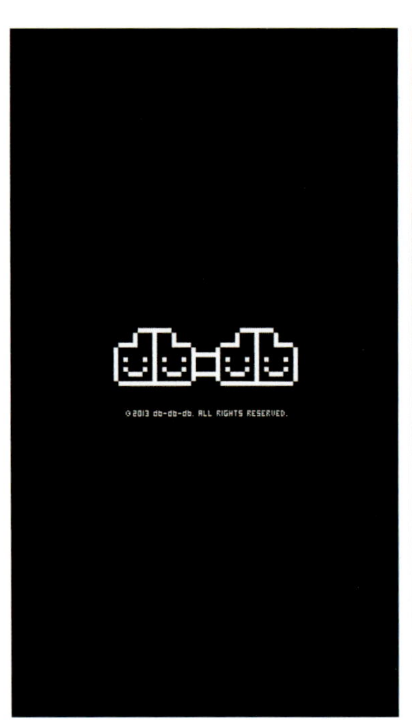

图4–6–3　移动应用Super cool party的图形用户界面

图4-6-4所示为烹饪社交类移动应用 Look & Cook的加载页面设计，虽然圆环形加载条的设计并不是非常出色的，但周围的各种食材、调料、厨具排布却非常吸引人，用户观察完图片，差不多加载也完成了。并且这些图像的隐喻也告知了用户该移动应用的主要功能。

图4-6-4 移动应用Look & Cook的图形用户界面

在线游戏类移动应用QuizUp的加载动画虽然简单，但是不断变化的闪电小图标非常夺人眼球，在加载即将完成的时候逐个出现QuizUp的品牌字样，不仅防止了用户体验的差评，还强调了品牌（图4-6-5）。

图4-6-5 移动应用QuizUp的图形用户界面

如图4-6-6所示，咨询分享移动应用“豆瓣一刻”的加载动画就是一个不断被掰碎的饼干，不但有趣且暗合了一刻的主题。

图4-6-6 移动应用“豆瓣一刻”的图形用户界面

照片处理类移动应用MocaDeco的加载虽并不出色，只是不断改变的渐变色彩，但其在加载完毕之后的渐隐渐现效果非常漂亮（图4-6-7）。

图4-6-7 移动应用MocaDeco的图形用户界面

4.6.2 分步加载

分步加载，顾名思义就是分步骤加载，先加载出一部分，让用户至少可以看到一些内容，之后再加载完全。在此过程中，可以避免用户的焦虑，也可以防止用户对移动应用的终止使用或不良的体验。如图4–6–8所示，消费指导类移动应用“城觅”的分步加载设计，先加载出搜索框与底栏的选项卡，之后再加载内容，并且以进度条来指示加载的程度，防止用户的焦虑。图4–6–9、图4–6–10为影视点评类移动应用豆瓣电影的分步加载设计，先是用系统默认的加载图形配合底框，之后再逐步加载内容，在加载内容时将文字与图像分开，先加载文字，再加载图像，以防止用户的焦虑情绪出现。

●●●●○ 中国联通 3G 上午9:20 98%

正在上映的影片

图4–6–8 移动应用“城觅”的图形用户界面

图4–6–9 移动应用“豆瓣电影”的图形用户界面

图4–6–10 移动应用“豆瓣电影”的图形用户界面

4.7 交互手势

交互手势不仅仅只有点按，对于多点触屏来说，其不仅可以监测到人类手指对屏幕的压力，还可以监测到人类手指在其上的运动轨迹。所以，除了单击（Tap）外，广泛应用其他手势的设计是丰富移动应用图形用户界面交互方式的较好选择，比较常用的有双击（Double tap）、拖曳（Drag）、轻滑动（Flick）、缩小（Pinch）、放大（Spread）。而按压（Press）、按压点击（Press and tap）、按压拖曳（Press and drag）、旋转（Rotate）则是不常应用于移动应用图形用户界面的手势交互方式（图4-7-1）。

① 点击（Tap）：仅使用指尖触碰触摸屏一次（Briefly touch surface with fingertip），一般用于导航的交互操作，是最常用的交互手势。

② 双击（Double tap）：迅速使用指尖点击触摸屏两次（Rapidly touch surface twice with fingertip），一般用于确认的交互操作或iOS操作系统上的图片放大归位。

③ 拖曳（Drag）：不要放开手指在触摸屏上移动（Move fingertip over surface without losing contact），也是较常用的交互方式，如滑块的拖曳等。

④ 轻滑（Flick）：迅速使用指尖在触摸屏上擦过（Quickly brush surface with fingertip）。轻滑常常运用在下滑打开通知中心或上滑进入某个移动应用，还有在许多移动应用的图片中滚动浏览。

⑤ 缩小（Pinch）：用双手指尖触摸屏幕并将两指尖移动得更近（Touch surface with two fingers and bring them closer together）。

⑥ 放大（Spread）：用双手指尖触摸屏幕并将两指尖分开（Touch surface with two fingers and move them apart）。缩小和放大常用于图片的观看。

⑦ 按压（Press）：触碰触摸屏并延长触摸时间

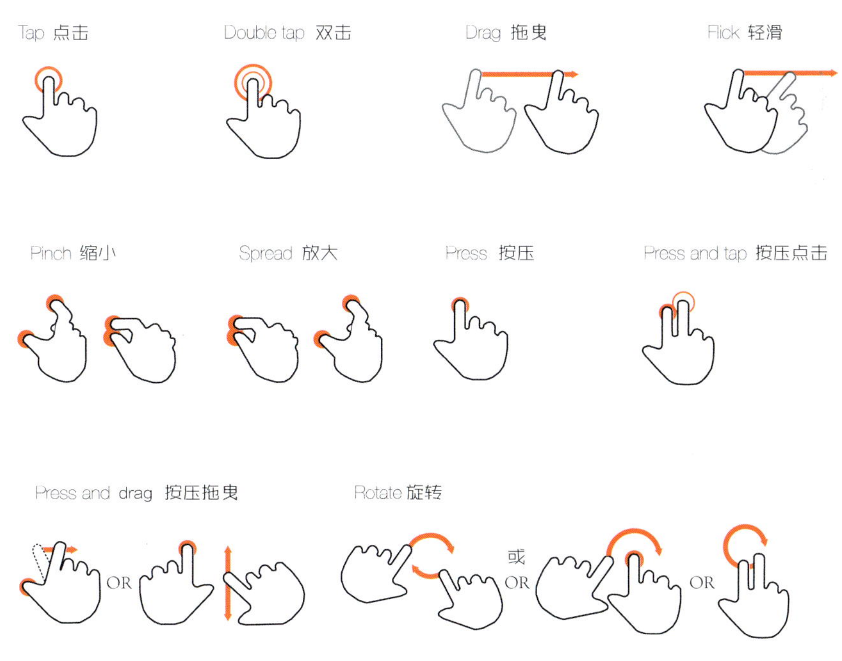

图4-7-1 触摸屏上常用的交互手势

（Touch surface for extended period of time）。

⑧ 按压点击（Press and tap）：一只手指按住触摸屏，另一只手指触碰触摸屏一次（Press surface with one finger and briefly touch surface with second finger）。

⑨ 按压拖曳（Press and drag）：用一只手指按住触摸屏，用另外一只手指在触摸屏上移动并不要放开手指（Press surface with one finger and move second finger over surface without losing contact）。

⑩ 旋转（Rotate）：用双指尖触碰触摸屏并按顺时针或逆时针方向移动（Touch surface with two fingers and move them in a clockwise or counterclockwise direction）。对于旋转，由于需要两只手指的操作，所以单手操作会受到限制，一般不建议操作场景复杂的移动应用使用该种操作手势作为重要的交互手势。

第五章

移动应用图形用户界面设计评估

在移动应用图形用户界面设计完成之后，对于它的评估方法有很多种。如从图形用户界面的易用性角度来进行评估，就需要较为客观的、以人机交互系统效率为标准的评估方式；同样的易用性，如从用户与移动应用交互的流畅度为中心来评估，使用原型和用户直接交互，并记录用户的使用过程与感受也是一种方式；通过访谈对用户体验进行调查也是一种方式。但所有的移动应用图形用户界面评估的目的都是为了改进移动应用并使之迭代。以下逐一叙述各种评估方式。

5.1 基于眼动仪的可用性评估

5.1.1 评估原理

眼动仪是用于追踪眼球运动轨迹的装置，是用于人类视觉系统、心理学、认知语言学和产品设计研究诸多领域的重要仪器。众多用于眼动追踪的技术中，最流行的方法是眼位视频图像提取技术。其他方法还有探测线圈（Search coils）和眼电图（Electrooculography）等。

眼动仪在用户完成与智能手机移动应用图形用户界面交互的过程中记录用户在任务完成过程中的眼动信息。数据包括注视的位置、顺序、时间等，并生成数据列表。通过分析数据，研究用户使用智能手机移动应用过程中的视觉加工规律，以了解图形用户界面的可用性。本测试中的原型，即名为SPPC的智能手机移动应用图形用户界面为自主开发的校园信息平台图形用户界面。

5.1.2 评估策略

（1）兴趣区域策略

兴趣区域（Area of interest，AOI）是眼动追踪技术时常使用的分析方法，其意在缩小分析范围，集中分析关键性眼动数据。以往该评估策略常用于互联网产品评估。下文中提及所采集的数据都是兴趣区内发生眼动的数据。兴趣区域根据智能手机触摸屏上可被触发区域与实验中的目标图标区域划定。

（2）平行测试

平行测试（A/B Test）也被称作分隔测试（Split Test），是用户体验设计的研究方法之一。它通过实验证明一些对交互设计产品的修改对用户所产生的影响。在本研究中，每个测试环节针对一个变量，通过三个测试展现三个不同变量对智能手机移动应用图形用户界面可用性的影响。三个测试分别针对不同的视觉要素，分别为：颜色、图标、布局。

测试1为相异色彩的可用性评估测试，兴趣区为“finance”触发区域。如图5-1-1所示，营造测试情境，使被测试者设想其需要使用一个智能移动应用的指南功能。测试任务为在有限的显示时间中找到“财务”图标。每个图形用户界面样本显示时间为5000毫秒。为本组评估所制作的图形用户界面样本1为蓝色，样本2为橘色。其测试目标是找出同样的色彩与图标，而不同的配色设计方案下，两个不同图形用户界面的可用性差异。

图5-1-1　移动应用SPPC的图形用户界面色彩平行测试　常方圆

测试2为相异图标的可用性评估测试，兴趣区为“about”触发区域。如图5-1-2所示，营造测试情境，使被测试者设想其正在使用三个功能、布局、色彩几乎一致，但具有不同图标设计的智能手机移动应用图形用户界面，任务为在有限的显示时间中找到“关于”图标。每个样本显示时间为5000毫秒。其测试目标是找出同样的布局与近似的色彩，不同的图标设计方案下，三个不同图形用户界面的可用性差异。

测试3为相异布局的可用性评估，兴趣区为“around”触发区域。如图5-1-3所示，营造测试情境，使被测试者设想其正在使用三个功能相同但图形用户界面不同的智能手机移动应用，任务为在有限的显示时间中找到“周边”图标。每个样本显示时间为5000毫秒。其测试目标是找出不同布局设计方案下，三个不同图形用户界面的可用性差异。为了避免色彩因素的影响全部使用了黑白色，且为防止位置近似布局样本连续播放干扰测试数据，将布局较为相似的样本1、3在测试顺序中间隔开来。

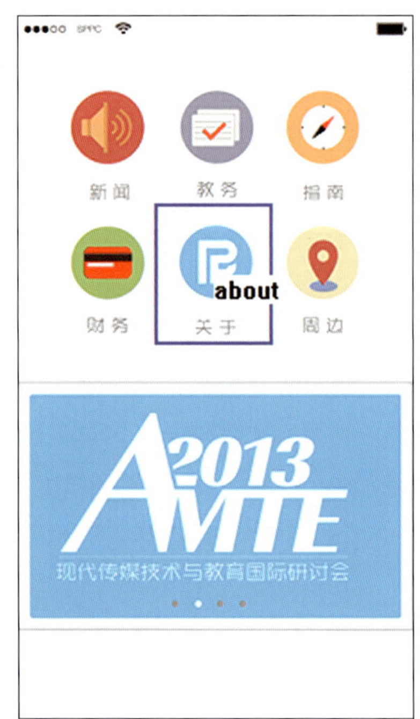

图5-1-2　移动应用SPPC的图形用户界面图标平行测试图　常方圆

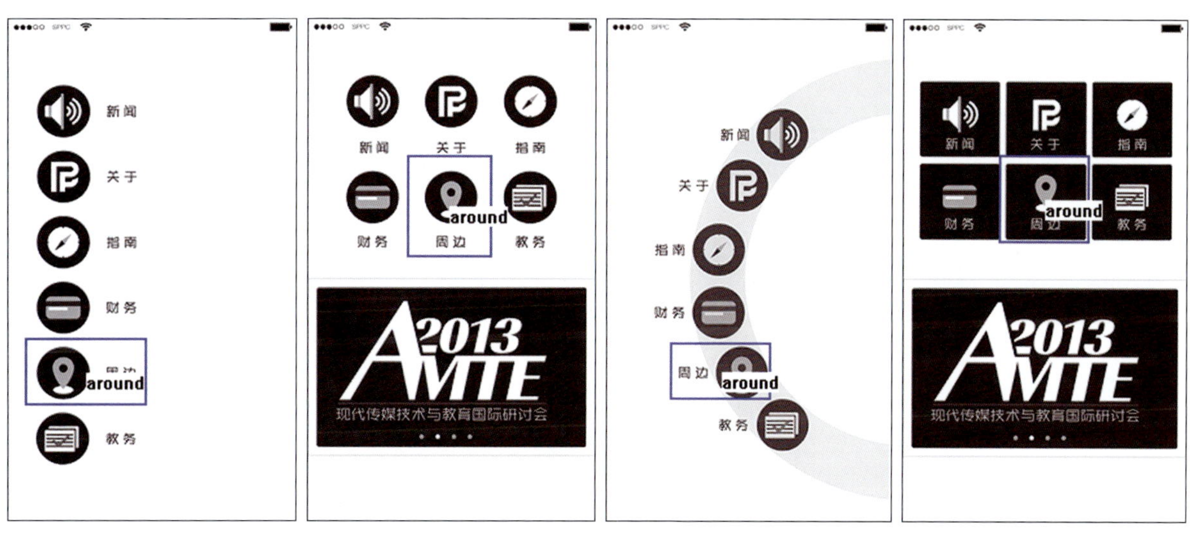

图5–1–3 移动应用SPPC的图形用户界面布局平行测试图 常方圆

5.1.3 评估过程

（1）采集数据及其意义

① 进入时间（Time to first fixation on–target）：指眼动轨迹首次达到兴趣区域所耗费的时间。首次进入时间数值偏小显示该区域获得了更多的注意。这是非常重要的可用性指标，这是因为用户在实际使用过程中如果不能在一定时间内寻找到触发其所需功能的区域，会造成用户对该操作环节的失望情绪，以致放弃操作甚至是放弃该软件的使用。

② 进入次数（Repeat fixations/Post–target fixation）：进入次数指的是眼球在100~200毫秒稳定在兴趣区域内所形成的点。总的注视点个数被认为是与搜索绩效相联系的指标。该数据数值偏大则说明搜索绩效高。

③ 注视点（Fixation per area）：注视点指的是视线在某一位置停留100毫秒以上，一般认为这种停留是获取信息并进行内部加工的认知行为。而注视点个数则代表了人类在对图形界面认知过程中加工的次数。该数据数值偏大倾向于表现出被测试者对该区域的绝对注意力，但也可认为是某种程度的不解。在本研究中因不涉及复杂文本与图形，该数据数值偏大说明其兴趣区域获得更多的绝对注意力。

④ 注视率（Percentage of fixation）：指的是在某兴趣区域注视时间与总注视时间的比率。如果一个具有重要交互功能的区域具有较低的兴趣区注视率，那么这个区域需要再次被修改，使它更容易被注意到。反之，高注视率则证明该区域获得了应有的注意。该数据偏大说明其兴趣区域获得了更多的相对注意力。

以上所提及数据均以兴趣区域作为数据采集阈限。

（2）测试仪器

本研究采用的眼动追踪仪器为青研EyeLab眼动仪，数据采集原理为眼位提取。其取样速率为100Hz，测试距离为45~75cm的双眼采集方式，屏幕显示率1024像素×768像素。为保证被试者的舒适自然，实验过程中不对被试者使用夹具，全程自然坐姿，座椅柔软。实验全程无噪音与人为干扰。

一般采用非头盔、无夹具的眼动追踪实验，10%~20%的眼动位置在电脑显示屏外，被称为数据丢失，单个样本测试丢失数据的被试者其整组测试数据将被全部抹除，不计入平均数据。由于手机屏幕过小，在本实验中采用PC机模拟手机使用的视觉认知环境，实验所展示的手机图形界面显示有虚拟手机图形。作为认知内因的相对评估，合理有效。值得一提的是，使用PC和实验室模拟移动手持设备的交互过程，会舍弃很多特定影响因子，如行走的抖动或站立的低头等，但由于本实验是基于平行测试展开的，可忽略外部环境因素。

（3）被测试者选择

被测试者基本要求裸眼或矫正视力在1.0以上，无色盲色弱。在预测试中发现，高度近视、散光等视力缺陷对眼动追踪效率有重大影响，尤其近视度数在500度以上的被试者即使佩戴隐形眼镜矫正后依然会在定标中失败。部分被测试者由于眼动速度或视力问题造成无法捕捉、定标或多次定标失败，不予参与测试。

通过预测试筛选出被测试者32人，其中教师3人，学生29人。男性16人，女性16人。教师年龄跨度由30至37岁，学生年龄跨度由19至23岁。所有被试符合测试条件的同时都来自本移动应用的目标用户群。

（4）实验结果及分析

根据前述评估策略所制定采集数据及评价标准，总结如表5-1-1所示。

表5-1-1 采集数据与评估标准

采集数据	数据评估标准
首次进入时间	数值偏小说明获得更多注意力
进入次数	数值偏大说明搜索绩效高
兴趣区注视点	数值偏大说明获得更多注意力（绝对）
兴趣区注视率	数值偏大说明获得更多注意力（相对）

如前所述，样本1较之样本2用时少0.521秒，样本1获更多注意力且优势明显；样本1进入次数数值较高，即搜索绩效高，较优；在兴趣区注视点数值中与样本2产生优势差距，证明其获得更多绝对注意力；仅仅在相对注意力上以4个百分点略弱于样本2。综合分析，测试1中的样本1为可用性较优的原型（表5-1-2）。

表5-1-2 测试1数据

	样本1	样本2	较优设计
兴趣区首次进入时间（秒）	1.078	1.599	样本1
兴趣区进入次数（次）	1.375	1.000	样本1
兴趣区注视点（个）	1.625	1.111	样本1
兴趣区注视率	62%	66%	样本2

在首次进入时间数值中，在样本1、2用时均大于1秒的情况下，样本3仅耗时0.750秒，所获注意力明显高于样本1、2；在进入次数数值中以微弱差距即0.092弱于样本1；在兴趣区注视点与注视率中都呈现出该组测试数据的最大数值，显示出其对被测试者绝对注意力与相对注意力的强烈吸引。综上所述，测试2中的样本3为可用性较优的原型（表5-1-3）。

表5-1-3 测试2数据

	样本1	样本2	样本3	优势样本
兴趣区首次进入时间（秒）	1.250	1.375	0.750	样本3
兴趣区进入次数（次）	1.058	0.174	0.966	样本1
兴趣区注视点（个）	1.625	0.875	2.000	样本3
兴趣区注视率	75%	62%	87%	样本3

在首次进入时间数值中，样本1仅耗时0.388秒，耗时少则其所获注意力多于样本2、3。在进入次数数值中以较大数值优于样本2、3，但其与样本2的差距并不十分明显。同样的，在注视点数值中，也仅以0.143的微小差距优于样本2。甚至在注视率数值中还小于样本2数值6个百分点（表5-1-4）。综上所述，测试3中的样本1虽为可用性较优的原型，但其与样本2之间的优势差距并非巨大，所以样本2的布局设计对最终的原型定型也具有一定的参考价值。

表5-1-4 测试3数据

	样本1	样本2	样本3	优势样本
兴趣区首次进入时间（秒）	0.388	0.772	1.094	样本1
兴趣区进入次数（次）	1.449	1.429	0.857	样本1
兴趣区注视点（个）	2.143	2	1.143	样本1
兴趣区注视率	85%	91%	85%	样本2

5.1.4 评估结论

通过眼动仪所捕捉的眼动数据，在近年来常用于评估展示于电脑显示屏或其他电子显示屏的交互产品的可用性，例如网页或电子屏广告、触摸屏交互产品等。其较之用户访谈、调查问卷等方式具有客观、直观等优点。而将其用于智能手机移动应用图形用户界面设计原型的可用性评估是一种新的尝试，以往只有较为笼统的测试方法，且测试方法无法准确指出如何修正设计可提升原型的可用性。

以平行测试得出两个设计方案谁为更优选项的方法是传统的可用性测试方式。而本评估的平行测试立意在于获取不同的视觉要素作为影响因子如何对移动应用图形用户界面产生影响，其影响是正面或负面的，其影响程度的高低等。本评估方法设计了针对色彩、图标、布局等视觉要素分别测试的眼动追踪测试，并收集重要数据如首次进入时间、进入次数、注视点个数、注视率，再根据眼动仪所捕捉数据进行定性或定量分析。值得注意的是，该评估方法所得系列数据不可机械地依照单项数据评价。微妙的数据差别有时折射出的是同组两个样本各自的优势，其数据与结果值得做出进一步综合考量。

该可用性评估测试设计的核心在于：其一，使用眼动仪作为数据记录的仪器，保持其测试及测试数据的客观性；其二，以平行测试作为可用性评估的基本测试方针，最终目的在于优选设计方案；其三，以分解视觉要素作为平行设计的样本制作标准，做到一组测试有针对性解决一个影响因子；其四，将兴趣区域策略作为可用性测试的评估策略。

经过测试与测试方法反复修正，试图形成一种基于眼动仪的智能手机移动应用图形用户界面设计的可用性评估方法，并逐步形成测试与评估标准。该可用性评估方法可广泛应用于手持移动设备的可用性评估与可用性优化。

5.2 原型用户测试

图形用户界面测试移动应用 POP（Prototyping on Paper）是一套简便易行的纸原型测试移动应用，但是在课程中将其用于最终原型的测试也是不错的方式。如图5-2-1所示，导入制作好的移动应用图形用户界面图片后会出现一个关于项目中所有图形用户界面的概览，并可以自由调整顺序。

首先将制作好的图形用户界面按照顺序导入，并调整顺序。

图5-2-1 在POP中导入图形用户界面设计

在桌面上移动应用的图标上绘制热区，并且点击链接（Link to）按钮（图5-2-2）。

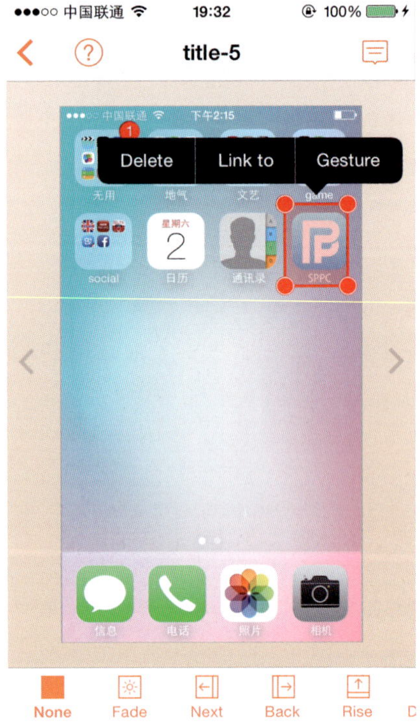

图5-2-2　链接图标

在系统列出的链接中选出一个页面作为点按移动应用图标将要跳向的页面（图5-2-3）。

图5-2-3　链接页面

返回，点按手势（Gesture）选项，并选择点击（Tap）选项（图5-2-4）。

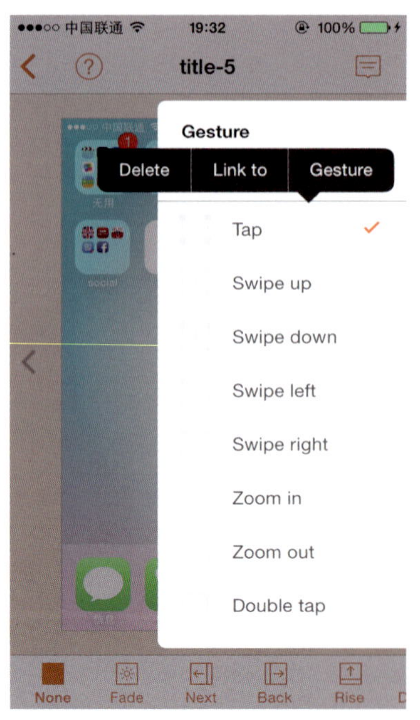

图5-2-4　选择手势选项

在架构复杂的交互原型中，如果为了方便寻找某个页面或功能，可以为该页面添加标签。点击右上角的图标（图5-2-5）。可以在这里的空白处输入文字，作为图形用户界面增加注释与说明。

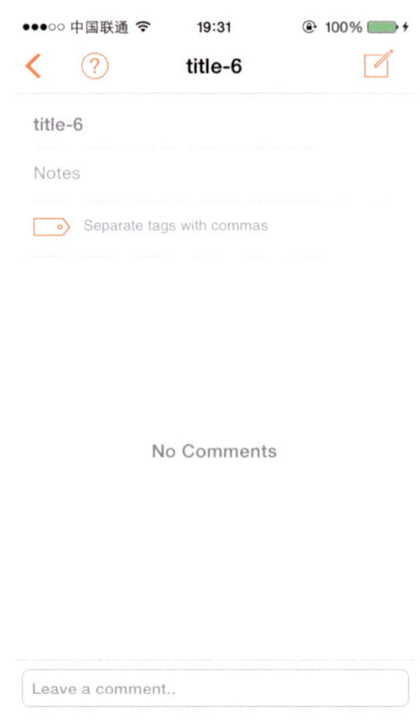

图5-2-5　注释与说明页面

再为其他页面添加手势及链接（图5-2-6）。

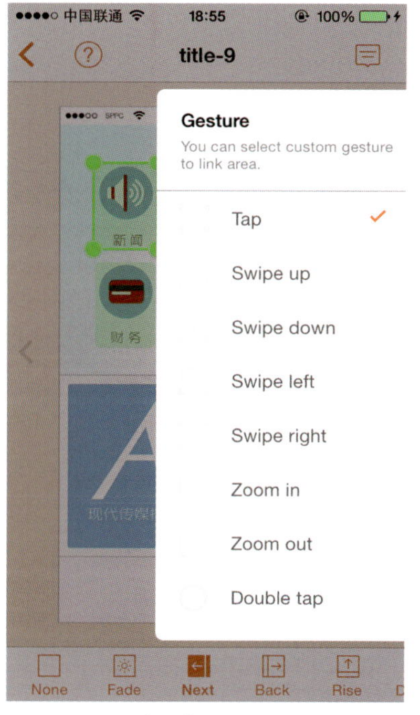

图5-2-6　为其他页面选择手势及链接

按此步骤将所有的页面相互链接，包括底栏的跳转，使之可以正常运行（图5-2-7）。

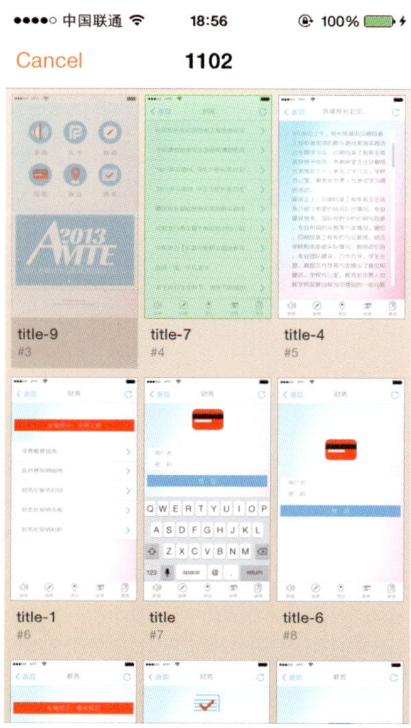

图5-2-7　将所有页面链接

这是全部链接后的一级页面（图5-2-8）。

图5-2-8　链接完毕的一级页面

点按下方的三角形播放按钮开始测试整个原型的动态和流畅度（图5-2-9）。

图5-2-9　使用POP测试所有页面

开始全屏状态下的测试（图5-2-10）。

图5-2-10 在全屏状态下测试

双指点按可以退出测试（图5-2-11）。

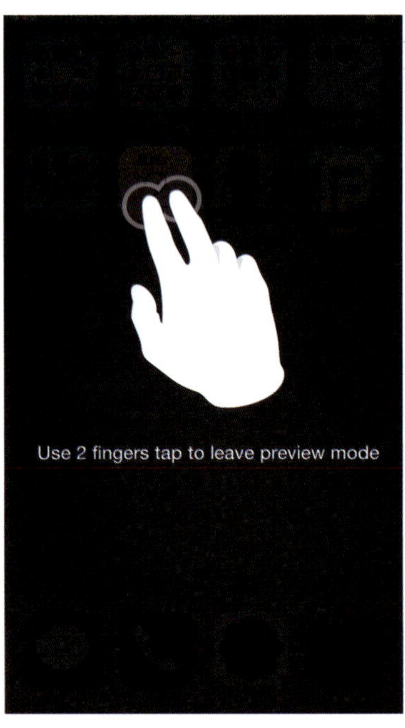

图5-2-11 双指点按退出

POP中所提及的交互手势附录如表5-2-1所示。

表 5-2-1 移动应用POP中所提及交互手势中英文对照

单击	Tap
向上滑动	Swipe up
向下滑动	Swipe down
向左滑动	Swipe left
向右滑动	Swipe right
缩小	Zoom in
放大	Zoom out
双击	Double Tap

页面转场动画附录如表5-2-2所示。

表 5-2-2 移动应用POP中所提及转场模式中英文对照

中文	英文
无动画	None
渐隐	Fade
左侧（新页面）划入	Next
右侧（旧页面）划出（Back）	Back
（新页面）向上划出	Rise
（旧页面）向下划出	Dismiss
双击	Double Tap

测试并不是最终目的，最终目的是了解用户的感受。在测试之后需要对参加测试的用户提出问题并搜集问题，以此移动应用图形用户界面POP测试为例，提出的问题如下。

① 你喜欢这个移动应用的图形用户界面么？

② 喜欢和不喜欢都请说出原因。

③ 你认为在使用的时候有困难么？

④ 困难在哪里？

⑤ 你觉得可以如何改进?

当然，这些问题要基于用户在拿到这个原型之后就积极地操作与把玩。但如果用户不积极怎么办? 一般采用布置任务的方法，如在固定时间内找到某些页面或者在固定时间内操作某些内容等。

5.3 用户体验评估

用户体验测试（User experience test）是一个测试产品满意度与使用度的词语，可能是基于西方产品设计理论中发展出来的。在大多数情况下，产品软件测试或是商业营销测试时，会用到用户体验这个词。但是它也可应用在交互设计、交互式语音应答上面。有时在探讨设计价值时，也会用到此新设计是否导出更差的用户体验来评估其好坏。

用户体验设计则是以此概念为中心的一套设计流程。在英语中常被简写为UX Design。全名是User Experience Design。此流程完整地包括了目标用户设置、满意度的范围和主题设置、用户需求的功能、交互研究、系统反馈和最终的报告与成果。

5.4 试错与迭代

总之，在移动应用界面设计上，做得好并非是最重要的，做出来才是在这个互联网时代生存的最大资本。不要怕做错，也不要怕犯错，因为犯错可以试错，可以迭代。关键是先拥有一个原型，哪怕是纸上的，或者仅仅是概念也好。

传统企业做产品，要开发到极致才能投放市场，但根据现今市场改变的速度，等产品日趋完美早已错过了最大的盈利机会。尽快地将产品投放市场，请用户来做测试，研究用户、协同设计、不断修正产品，实现快速迭代才是产品的真正生存之道。

附录一 文中所引用所有在App Store上架的移动应用

移动应用名称	类别	引用章节
Booking.com	宾馆预定类	1.5.2 移动应用图形用户界面
ZAKER	资讯阅读类	3.2.1 视力/4.2.1 跳板/4.2.3 选项卡式/4.5.3 字体色彩
Look&Cook	烹饪资讯类	3.2.2 注意力/4.6.1 启动页加载
PosterLabs	图片处理类	3.2.2 注意力
QuizUp	在线游戏类	3.2.2 注意力/4.6.1 启动页加载
TaoMix	声音制作类	3.2.2 注意力/4.2.2 列表式/4.2.8 仪表式/4.6.1 启动页加载
虾米音乐	音乐播放类	3.2.3 能力/3.4.2 场景与网络/4.3.3 色彩感受
QQ音乐	音乐播放类	3.3.3 按键/3.4.2 场景与网络
滴滴打车	交通服务类	3.4.1 场景与姿态/4.2.6 抽屉式
豆瓣一刻	咨询聚合类	3.4.2 场景与网络/4.5.3 字体色彩/4.6.1 启动页加载
Pinterest	图片社交类	3.4.2 场景与网络/4.2.3 选项卡式
Instagram	图片社交类	3.4.2 场景与网络/4.2.4 陈列馆式/4.3.2 色彩应用规律
Nike+	运动管理类	4.1.1 交互框架设计
Noter	生活记事类	4.1.1 交互框架设计/4.4.1 图标设计原则
美图秀秀	图片处理类	4.2.1 跳板式
AMS	公司服务类	4.2.1 跳板式
携程助手	旅行预订类	4.2.1 跳板式

（续表）

移动应用名称	类别	引用章节
淘宝	购物类	4.2.1 跳板式
大众点评	消费指南类	4.2.1 跳板式
果库	消费指南类	4.2.1 跳板式
京东购物助手	购物类	4.2.1 跳板式
Typeset	设计辅助类	4.2.2 列表式/4.5.2 字号控制
EZ FM	在线广播类	4.2.2 列表式
Kindle	阅读类	4.2.2 列表式
知乎日报	资讯社交类	4.2.2 列表式/4.2.6 抽屉式/4.2.7 图片轮盘式/4.5.3 字体色彩
印象笔记	管理分享类	4.2.2 列表式
Audible	有声书籍类	4.2.2 列表式
百度地图	生活服务类	4.2.3 选项卡式
BBC News	新闻聚合类	4.2.4 陈列馆式
良仓	消费指南类	4.2.4 陈列馆式
Asobio	购物类	4.2.4 陈列馆式
豆瓣电影	影视社交类	4.2.4 陈列馆式/4.6.2 分步加载
Recipes	烹饪社交类	4.2.4 陈列馆式
下厨房	烹饪社交类	4.2.4 陈列馆式
微博	资讯社交类	4.2.5 菜单式
豆瓣FM	音乐播放类	4.2.6 抽屉式
食色志	图片社交类	4.2.7 图片轮盘式
UP	健康管理类	4.2.8 仪表式
MindWave	数据监测类	4.2.8 仪表式

（续表）

移动应用名称	类别	引用章节
Station Alert UK	交通资讯类	4.3.3 色彩感受
BannerFlo	电子工具类	4.3.3 色彩感受
Suru	管理记事类	4.3.3 色彩感受
Perfect365	图片处理类	4.3.3 色彩感受
UberFacts	资讯聚合类	4.3.3 色彩感受
SHOPit	生活服务类	4.3.3 色彩感受
豆瓣阅读	阅读类	4.3.3 色彩感受
词	诗词写作类	4.5.1 字体
Super cool party	游戏类	4.6.1 启动页加载
MocaDeco	图片处理类	4.6.1 启动页加载
城觅	消费指导类	4.6.2 分步加载

附录二

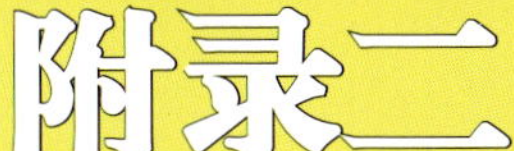

该课程学生作业

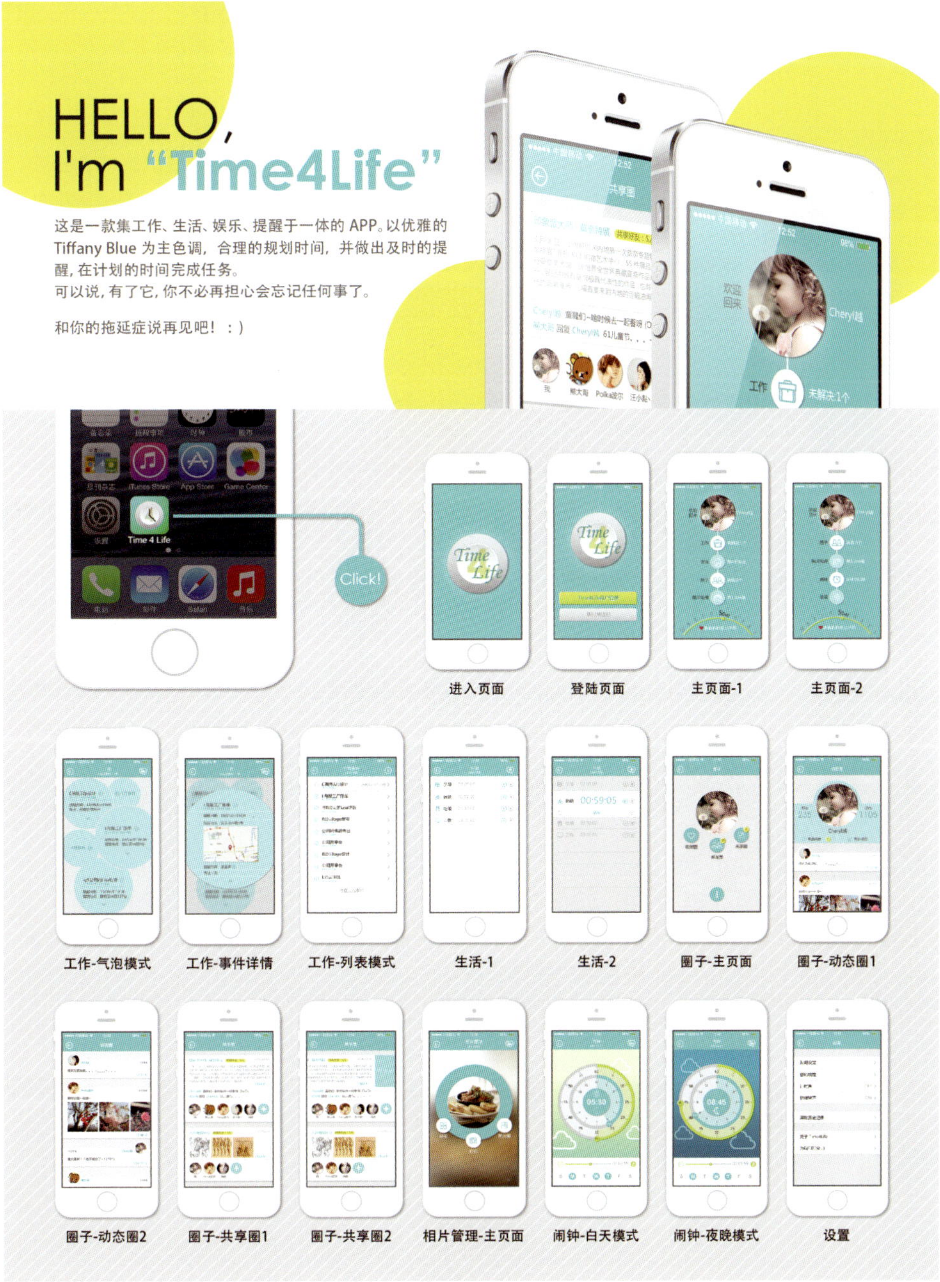
HELLO,
I'm "Time4Life"
这是一款集工作、生活、娱乐、提醒于一体的 APP。以优雅的 Tiffany Blue 为主色调，合理的规划时间，并做出及时的提醒，在计划的时间完成任务。
可以说，有了它，你不必再担心会忘记任何事了。
和你的拖延症说再见吧！：）
Time 4 Life
Click!
进入页面
登陆页面
主页面-1
主页面-2
工作-气泡模式
工作-事件详情
工作-列表模式
生活-1
生活-2
圈子-主页面
圈子-动态圈1
圈子-动态圈2
圈子-共享圈1
圈子-共享圈2
相片管理-主页面
闹钟-白天模式
闹钟-夜晚模式
设置

曹越作品

Own
时间旅行不再是梦想
回到过去 • 把握现在 • 预知未来
呈现过去的一切
记录当下岁月
目标 理想 愿望 期许
未来由自己操控
扫一扫观看演示视频

陈佳妮作品

Television Time
简述
整体基调以白色为主，80%透明度蓝绿色为辅，个性且内敛。
app的主要功能分为三块：主页，搜索，设置。简化人们对app的使用。
最好的科技是人们天天在用，却不知道这是科技所带来的。最好的用户体验亦是。
图标
控制台
布局
332 days
操作
下拉控制台
按住搜索，放开
搜索剧，点击
关注此剧
就是这么简单
下拉，点设置放开
点击off
on开启状态
下拉 放开
即回到主页
所有界面

余维佳作品

Healthy Life

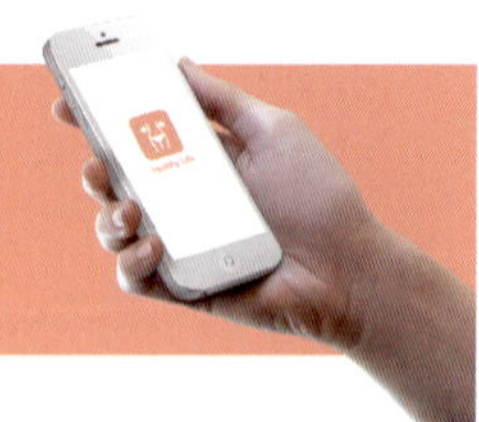

简述

以粉色与白色为主的APP，
它主要是为了督促自己的平时的生活，
还会专门为您定制健康食物，让您健康生活，
从而达成健康瘦身效果。

ICON颜色与APP颜色一致，以粉色和白色为主，
箭头方向指明了APP功能。

操作

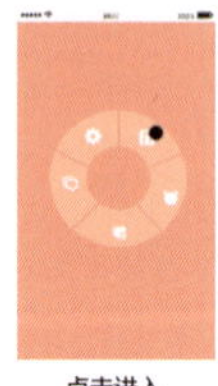

点击进入

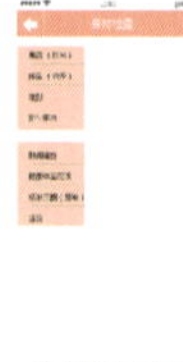

点击进入食谱

点击交换食谱

点击自定义

左右滑动分享

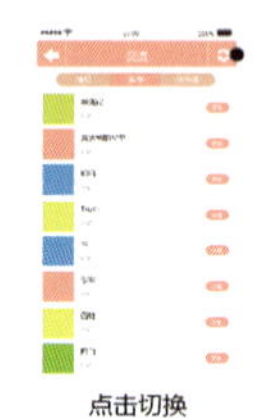

点击切换

所有页面

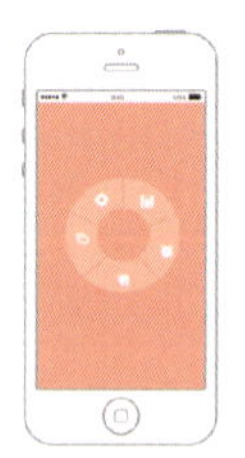

BE HEALTHY AND BEAUTIFUL

周莹璐作品

时间账本
简述
薄荷绿&白为主的清新风格APP。
它的功能是记录时间，用了多少时间做了什么，
方便查看时间都用去哪儿了，有效改善拖延症。
ICON
由浅薄荷绿到深薄荷绿的切割作为背景
不显沉闷
“C”=clock 中间有个时钟都代表时间
操作
右上分享
添加项目的主页
点击小三角
出现日、周、月
滑动分享社区
点击地图出现详情
地点时间记录详情
所有界面
主页
个人页面
登陆页面
输入
今天
点击三角
月份
图表详情1
图表详情2
地图
搜索
分享到
设置
账号绑定
Gives life to time

沈静作品

Easy Course
icon
运用了千纸鹤表达了希望在管理自己的大学生活的同时能很好的安排自己的业余时间，不需要很死板的面对课程。
简介
运用了深蓝色为主要背景使整个页面看上去比较沉稳。主要功能提供了安排管理好自己每天的课程，记录每个月自己上课时间中一些记录。其中GPRS签到系统，有效的改善旷课等。
首页和注册页面
操作模式
添加课程
滑动到日历
点击时间
滚轮模式
定位系统点击添加
GPRS定位点击签到
其他页面
主页
日历
添加课程
个人页面
喜欢课程
分享
记录课程
GPRS课程添加
GPRS签到
简单课程
easy course

郭凯婷作品

参考文献

[1] 无线工坊. 方寸指间——移动设计实战手册[M]. 北京：电子工业出版社，2014.

[2] 狸雅人. Photoshop智能手机APP界面设计[M]. 北京：人民邮电出版社，2013.

[3] 傅小贞. 移动设计[M]. 北京：电子工业出版社，2013.

[4] 尼尔. 移动应用UI设计模式[M]. 王军锋，郭偎，武艳芳，译. 北京：人民邮电出版社，2013.

[5] Neil T. Mobile Design Pattern Gallery: UI Patterns for Smartphone Apps[M]. " O'Reilly Media, Inc.", 2014.

[6] Tidwell J. Designing interfaces[M]. "O'Reilly Media, Inc.", 2010.

[7] Johnson J. Designing with the mind in mind: Simple guide to understanding user interface design rules[M]. Morgan Kaufmann, 2010.

[8] Johnson J. GUI bloopers: don'ts and do's for software developers and Web designers[M]. Morgan Kaufmann, 2000.

[9] C. Righi, et al. User-Centered Design Stories: Real-World UCD Case Studies[M]. San Francisco: Morgan Kaufmann, 2007.

[10] E.B.-N. Sanders. Co-creation and the new landscapes of design[M]. Consideration in Codesign, Taylor&Fancis Group, 2008.

[11] 常方圆. 手机多媒体交互视听系统设计研究与应用[D]. 江南大学硕士学位论文，2008.

[12] Chang F Y. Usability Evaluation of Eye Tracker-Based Smart Phone APP GUI Design[J]. Applied Mechanics and Materials, 2014, 644: 1400-1404.